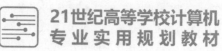

21世纪高等学校计算机
专业实用规划教材

Linux 基础教程

◎ 姜春茂 主编　姚艳雪 李志聪 段莹 副主编

清华大学出版社

北京

内 容 简 介

本书基于 Ubuntu 16.04 Desktop 操作系统,根据大数据、云计算等新兴技术的发展,设置了系统资源管理模块,DHCP、vsftpd、Tomcat 服务的搭建,SSH 配置及 PXE 装机等内容。通过本书的学习,读者可以掌握 Linux 系统的安装、配置、管理维护等技能,对 Linux 系统有全面的了解,为在 Linux 系统上做进一步开发奠定基础。本书设计了 12 个实验,并在各章都附有习题,以帮助读者加深对所学知识的理解和掌握。

本书适合作为大专院校理工科专业本科生的教材,也可供感兴趣的读者自学参考。

图书在版编目(CIP)数据

Linux 基础教程/姜春茂主编. —北京:清华大学出版社,2020.11
21 世纪高等学校计算机专业实用规划教材
ISBN 978-7-302-56427-0

Ⅰ.①L… Ⅱ.①姜… Ⅲ.①Linux 操作系统—高等学校—教材 Ⅳ.①TP316.85

中国版本图书馆 CIP 数据核字(2020)第 171447 号

责任编辑:付弘宇 薛 阳
封面设计:刘 键
责任校对:胡伟民
责任印制:杨 艳

出版发行:清华大学出版社
   网 址:http://www.tup.com.cn,http://www.wqbook.com
   地 址:北京清华大学学研大厦 A 座   邮 编:100084
   社 总 机:010-62770175   邮 购:010-83470235
   投稿与读者服务:010-62776969,c-service@tup.tsinghua.edu.cn
   质量反馈:010-62772015,zhiliang@tup.tsinghua.edu.cn
   课件下载:http://www.tup.com.cn,010-83470236
印 装 者:北京鑫丰华彩印有限公司
经 销:全国新华书店
开 本:185mm×260mm 印 张:14.25   字 数:355 千字
版 次:2020 年 12 月第 1 版   印 次:2020 年 12 月第 1 次印刷
印 数:1~1500
定 价:49.00 元

产品编号:084750-01

前 言

　　互联网产业的迅猛发展,促使云计算、大数据产业形成并快速发展,云计算的部署、大数据的开发绝大多数都基于开源软件的平台,Linux 已经成为这些技术的基础软件。据 Linux 基金会的研究,86%的企业已经使用 Linux 操作系统进行云计算、大数据平台的构建。目前,Linux 已开始取代 UNIX 成为最受青睐的云计算、大数据平台操作系统。为云计算、大数据、嵌入式开发等掌握良好的 Linux 基础知识已经成为重要的基础性任务,因此我们组织编写了本书。

　　我们在 2013 年出版了《Linux 操作系统》一书,本书在该书的基础上主要进行了以下修改。

　　秉承 Linux 的开源思想,在开发环境的搭建上由原来的 Ubuntu 12.04＋VMware 改为 Ubuntu 16.04＋ VirtualBox;增加若干市场上常见的发行版介绍,如 CentOS 等;根据大数据的应用原理增加了虚拟内存的实现机制的阐述,介绍了 Ubuntu 系统常用的任务管理器 gnome-system-monitor 程序;因为在云计算大数据的应用中常常会对系统的权限进行设置,对系统的安全进行配置也是程序员必备的技能之一,所以在 7.4 节中较为详细地介绍了 Ubuntu 的安全模块 Apparmor,及其实现的配置。

　　在第 9 章中根据实用原则添加了一些 Shell 编程的综合运用的实例,比如文件的批量处理、用户的批量建立。第 10 章中增添了另一种网络配置的方式,并且对两种配置方式的优先性进行了描述,让读者能根据自己的需求修改网络,增加了 firewalld 即 Ubuntu 的防火墙服务的简单介绍。除了内容的增加,还对原本的 LAMP 平台进行了版本更新,对 NFS 的一些配置进行了相应的更新,让读者能够适应程序的版本更迭。在第 11 章对大数据和云计算所需要的一些 Linux 知识和基础服务的搭建进行了讲解,如 SSH 免密码登录,DHCP、vsftp、Tomcat 等服务器的搭建。

　　基于上述增改,本书完善了内容,增加了学习大数据和云计算知识所需要的大部分 Linux 技能和基础服务。本书以简单、易掌握为主旨,节约了篇幅,同时让读者能够掌握足够的知识去探索更为广阔的大数据及云计算的世界。

　　本书由姜春茂任主编,姚艳雪、李志聪、段莹任副主编,周洪玉主审,参加本书编写的还有莫远明、杨翎等。本书共分为 11 章,其中具体的编写任务分配如下:第 1 章和第 10 章由姚艳雪编写,第 2 章由李志聪编写,第 3 章由段莹编写,余下的章节由姜春茂编写,最后由姜春茂统编全稿。

　　感谢本套丛书编委会给予的支持和帮助,特别感谢周洪玉教授对本书编写的悉心指导和审核,感谢为本书的编写、出版提供支持、帮助的老师和朋友们。

　　由于时间仓促,书中疏漏和不足之处在所难免,敬请广大读者提出宝贵的意见和建议。

编　者

2020 年 7 月

目　　录

VI

Ⅸ

第 1 章   Linux 基础

本章学习目标

- 了解 Linux 的发展历史。
- 熟悉 Linux 的发行版本及各自特点。
- 了解自由软件与开源软件的区别。
- 熟悉 Linux 的应用领域。

1.1   Linux 概述

与 Windows 和 UNIX 操作系统相比,Linux 是一种自由和开放源代码的类 UNIX 操作系统。由于 Linux 的开源性,所以存在着许多不同版本的 Linux,而随着 Linux 的发展,该操作系统也成为自由软件和开放源代码的发展中最著名的例子。

严格说来,Linux 最开始只是表示 Linux 内核,但现在人们已经习惯了用 Linux 这个词来表示基于 Linux 内核并且使用 GNU 工程各种工具和数据库的操作系统。

Linux 是一个稳定的、具有强大功能的,免费的操作系统。

1.1.1   Linux 的诞生

1981 年,IBM 公司推出享誉全球的微型计算机 IBM PC。1981—1991 年,MS DOS 操作系统一直是微型计算机操作系统的主宰。虽然当时计算机硬件价格逐年下降,但软件价格仍居高不下。Apple 公司的 Mac OS 操作系统是当时性能最好的,但是其昂贵的价格常让人难以接受。

当时的另一个计算机技术阵营是 UNIX。但是 UNIX 操作系统的经销商将其价格定得极高,微型计算机用户根本负担不起。得到贝尔实验室(Bell Labs)的许可后可以在大学中用于教学的 UNIX 源代码也不允许公开。对于广大的 PC 用户,软件行业的大型供应商始终没有给出有效解决该问题的手段。

1984 年,Richard M. Stallman 创办了 GNU 计划和自由软件基金会,旨在开发一个类似于 UNIX 并且是自由软件的完整操作系统——GNU 系统。到 20 世纪 90 年代初,GNU 项目已经开发出许多高质量的免费软件,其中包括 Emacs 编辑系统、Bash Shell 程序、gcc 系列编译程序、gdb 调试程序等。这些软件为 Linux 操作系统的开发创造了一个合适的环境,是 Linux 诞生的基础之一。以至于目前许多人都将 Linux 操作系统称为"GNU/Linux"操作系统。

图 1.1　Linux 内核的主要
作者——Linus Benedict Torvalds

1987 年,Andrew S. Tanenbaum 开发出 Minix 操作系统,并自编了一本书描述它的设计实现原理。由于这本书写得非常详细,并且叙述得有条有理,几乎全世界的计算机爱好者都会看这本书,从中学习操作系统的工作原理。其中就包括 Linux 系统的创始人 Linus Benedict Torvalds(见图 1.1)。这位当时年仅 21 岁的赫尔辛基大学计算机科学系的二年级学生,购买了一台 386 微机来学习 Minix 操作系统,但是他发现 Minix 只是一个用于教学的简单操作系统,不是一个实用的操作系统。于是他决心自己写一个保护模式下的操作系统,这就是 Linux 的原型。从 1991 年的 4 月份开始,Linus 尝试将 GNU 软件移植到 Minix 系统上。4 月 13 日,Linus 在 comp. os. minix 新闻组上发布,已经成功地将 Bash 程序移植到了该系统上。

　　小提示:"linux"这个单词根据 Linus Torvalds 本人名字的发音,应该是"哩呐克斯",音标是[′linəks],重音在"哩"上。

　　1991 年 7 月 3 日,Linus 在 comp. os. minix 上透露,他正在进行 Linux 系统的开发,并且要实现与 POSIX(UNIX 的国际标准)兼容。1991 年 8 月 25 日,他向所有 Minix 系统用户询问"What would you like to see in Minix?",希望大家反馈一些对于 Minix 系统中喜欢哪些特色以及不喜欢什么等信息。由于一些原因,新开发的系统刚开始与 Minix 系统很像,并且已经成功地将 Bash1.08 和 gcc1.40 移植到了新系统上。而且,Linus 声明他开发的操作系统没有使用 Minix 系统的源代码。

　　1991 年 10 月 5 日,Linus 在 comp. os. minix 新闻组上正式向外宣布 Linux 内核系统的诞生。因此 10 月 5 日对 Linux 系统来说是一个特殊的日子,许多后来 Linux 的新版本发布时都选择了这个日子。

1.1.2　Linux 的发行版本

　　Linux 的发行版就是人们通常所说的"Linux 操作系统",它可能是由一个组织、公司或者个人发行的。Linux 只是一个操作系统中的内核,作为 Linux 操作系统的一部分而使用。通常来讲,一个 Linux 操作系统包括 Linux 内核,将整个软件安装到计算机上的一套安装工具,各种 GNU 软件,其他的一些自由软件,在一些特定的 Linux 操作系统中一些专用软件。Linux 不同的发行版都有各自不同的目的,包括对不同计算机结构的支持,对一个具体区域或语言的本地化,或者实时应用、嵌入式系统应用。目前,已经开发了超过 300 个发行版,最普遍被使用的发行版约为 12 个。

　　一个典型的 Linux 发行版包括:

- Linux 核心。
- 一些 GNU 库和工具。
- 命令行 Shell。
- 图形界面的 X 窗口系统和相应的桌面环境,如 KDE 或 GNOME。
- 办公包、编译器、文本编辑器、科学工具等的应用软件。

　　主流的 Linux 发行版有 Ubuntu、Debian GNU、Fedora、CentOS 等。国内的 Linux 发行

版有中标麒麟 Linux(原中标普华 Linux)、红旗 Linux(Red-Flag Linux)、雨林木风 YLMF OS、Qomo Linux 等。下面具体介绍常用的几个发行版。

1. 国际主流 Linux 发行版本

1）Ubuntu

初始版本：2004 年 10 月 20 日。赞助公司：Canonical 有限公司。创始人：马克·舍特尔沃斯。支持的语言：多种语言(包括中文)。其图标如图 1.2 所示。

图 1.2　Ubuntu 图标

Ubuntu 的名称来自非洲南部祖鲁语或豪萨语的"Ubuntu"一词，意思是"人性""我的存在是因为大家的存在"，传达了非洲传统的一种价值观，类似中国的"仁爱"思想。作为一个基于 GNU/Linux 的平台，Ubuntu 操作系统将 Ubuntu 精神带到了软件世界。

Ubuntu 是 Linux 最著名的分支，基于 Debian 发行版和 GNOME 桌面环境，可以为桌面和服务器提供一个最新的且一致的 Linux 系统。Ubuntu 包含大量从 Debian 发行版中汲取精华的软件包，同时保留了其强大的软件包管理系统，使其更容易管理，便于安装及删除。与传统发行版本相比，该软件包更加精简、健壮而且功能丰富，既适合家用，也适合商业环境。Ubuntu 支持很多种架构，包括 i386、Athlon、AMD64 和 Power PC 等。

与 Debian 不同，Ubuntu 每 6 个月会发布一个新版本。Ubuntu 的目标是为一般用户提供一个最新的同时又相当稳定的主要由自由软件构建而成的操作系统。Ubuntu 具有庞大的社区力量，用户可以方便地从社区获得帮助。对某些 Ubuntu 版本提供长期支持服务，所有版本至少会得到 18 个月的安全和其他升级支持，对桌面版本会提供 3 年支持，而对服务器版本则提供 5 年的支持。

Ubuntu 项目完全遵守开源软件开发的原则，鼓励人们使用、完善并且传播开源软件，所以说 Ubuntu 将终生免费。当然自由软件并不意味着不需要支付费用，它只意味着可以用使用者自己的方式使用软件，可以下载、修改、修正和使用自由软件的代码。

Ubuntu 默认桌面环境采用GNOME(在 Ubuntu12.04LTS 中默认桌面是 Unity)，一个 UNIX 和 Linux 主流桌面套件和开发平台。安装 Kubuntu-desktop 或 Xubuntu-desktop 软件包，安装该软件包后，就可以随意使用 GNOME、KDE 和 XFACE 桌面环境。

2）Mint

初始版本：2006 年 8 月 27 日。开发者：Linux Mint Team。支持的语言：多种语言(包括中文)。其图标如图 1.3 所示。

图 1.3　Mint 图标

Linux Mint 于 2006 年开始发行，是一份基于 Debian 和 Ubuntu 的 Linux 发行版，其目标是提供一种更完整的即刻体验，这包括提供浏览器插件、多媒体编解码器、对 DVD 播放的支持、Java 和其他组件，它也增加了一套定制桌面及各种菜单、一些独特的配置工具，以及一份基于 Web 的软件包安装界面。它与 Ubuntu 软件仓库兼容，使得它有一个强大的根基，一个巨大的可安装软件库，还有一个完善的服务设置机制。

Linux Mint 是对用户友好而功能强大的操作系统。它的目的是为家庭用户和企业提供一个免费的、易用的、舒适而优雅的桌面操作系统。Linux Mint 的一大雄心是：使用最先进的技术而不是美化的、看起来像 Windows 的软件，应使普通人感到易用，并成为可以和 Windows 并驾齐驱的操作系统。但是这个目标并不是使其看起来像微软的或者是苹果公司的产品，而是去创造人们心中的完美桌面系统，目的是使 Linux 技术更易用、更简便。

3）Fedora

初始版本：2003 年 11 月 6 日。开发者：Fedora Project。支持的语言：多种语言。其图标如图 1.4 所示。

图 1.4　Fedora 图标

最早 Fedora Linux 社区的目标是为 Red Hat Linux 制作并发布第三方的软件包，然而当 Red Hat Linux 停止发行后，Fedora 社区便集成到 Red Hat 赞助的 Fedora Project，目标是开发出由社区支持的操作系统（事实上，Fedora Project 除了由志愿者组织外，也有许多 Red Hat 的员工参与开发）。Red Hat Enterprise Linux 则取代 Red Hat Linux 成为官方支持的系统版本。

Fedora Core（自第 7 版更名为 Fedora）是众多 Linux 发行套件之一。它是一套从 Red Hat Linux 发展起来的免费 Linux 系统。目前 Fedora 最新的版本是 Fedora 16，Fedora 是 Linux 发行版中更新最快的版本之一，通常每 6 个月发布一个正式的新版本。

Fedora 和 Red Hat 这两个 Linux 的发行版联系很密切。Red Hat 自 9.0 版本以后，不再发布桌面版产品，而是把这个项目与开源社区合作，于是就有了 Fedora Linux 发行版。Fedora 可以说是 Red Hat 桌面版本的延续，只不过是与开源社区合作。

4）openSUSE

初始版本：2006 年 12 月 7 日。开发者：openSUSE Project。支持的语言：多种语言（包括中文）。其图标如图 1.5 所示。

openSUSE 项目是由 Novell 发起的开源社区计划，旨在推进 Linux 的广泛使用。openSUSE 项目的目标是使 openSUSE Linux 成为所有人都能够得到的最易于使用的 Linux 发行版，同时努力使其成为使用最广泛的开放源代码平台。Novell 公司为开放源代码合作者提供一个环境来把 openSUSE Linux 建设成世界上最好的 Linux 发行版，大大简化并开放开发和打包流程，从而使 openSUSE 成为 Linux 黑客和应用软件开发者的首选平台。

图 1.5　openSUSE 图标

5）Debian

初始版本：1993 年 8 月 16 日。支持的语言：多种语言（包括中文）。其图标如图 1.6 所示。

图 1.6　Debian 图标

Debian GNU/Linux 是由伊恩·默多克（Ian·Murdock）在 1993 年发起的，他的名字以 Ian 开头，他太太的名字 Debra 开头 3 个字母是 Deb，于是在爱情的力量下，他发起了 Debian GNU/Linux 组织。

该组织是一个致力于创建一个自由操作系统的合作

组织。它所创建的这个操作系统名为 Debian GNU/Linux，简称为 Debian。

Debian 有许多其他 Linux 发行版不具有的特点。

（1）测试完善，版本的发布周期长。如最近发布的版本用了两年时间，比起其他版本，如 Red Hat、Mandrake 等几个月就推出一个新版本来说慢了许多，但是 Debian 非常稳定。Debian 一般同时有 3 个版本：stable、testing 和 unstable。如果需要绝对稳定的用户，如在生产环境下，可以选用 stable 版；一般的用户可以使用 testing 版。

（2）升级十分方便。在 Debian 系统中，只需要执行 apt-get 这个命令就可以完成绝大部分的升级操作。

（3）软件包丰富。Debian 的软件包包罗万象，内容极为丰富。所以在 Debian 上，几乎不再需要自己编译源代码，直接使用 dselect 或者 apt-get 来安装软件包就可以了。这样的好处，一是节省了编译安装的时间；二是当软件包由于版本太老或者有安全问题需要更新的时候，只要使用 apt-get upgrade，就可以将所有软件更新。

（4）严格遵循标准。Debian 是所有 Linux 中最严格遵循业界标准的。

6）Slackware

初始版本：1993 年 7 月 16 日。创始人：Patrick Volkerding。支持的语言：多种语言（包括中文）。其图标如图 1.7 所示。

图 1.7　Slackware 图标

Slackware 是由 Patrick Volkerding 制作的 GNU/Linux 发行版，它是世界上存活最久的 Linux 发行版，在它的辉煌时期，拥有最多的用户数量。但是，随着 Linux 商业化的浪潮，一些产品通过大规模的商业推广，占据了广大的市场；Debian 作为一个社区发行版，也拥有很大的用户群。KISS(Keep It Simple & Stupid)是 Slackware 一贯坚持的原则，尽量保持系统的简洁，从而实现稳定、高效和安全。在 KISS 哲学里面，简单(Simple)指的是系统设计的简洁性，而不是用户友好(User Friendly)。这可能会在一定程度上牺牲系统的易用性，但提高了系统的透明性和灵活性。正是由于一直以来对 KISS 原则的坚持，Slackware 赢得了简洁、安全、稳定、高效的名声，也赢得了一大批的忠实用户。

图 1.8　Red Hat 图标

7）Red Hat

初始版本：1995 年 5 月 13 日。支持的语言：多种语言（包括中文）。其图标如图 1.8 所示。

Red Hat 是全球最大的开源技术厂家，其产品 Red Hat Linux 也是全世界应用最广泛的 Linux。Red Hat 公司总部位于美国北卡罗来纳州，在全球拥有 22 个分部。

Red Hat Linux 具有如下特点。

（1）提供了先进的网络支持：内置 TCP/IP。

（2）真正意义上的多任务、多用户操作系统。

（3）与 UNIX 系统在源代码级兼容，符合 IEEE POSIX 标准。

（4）核心能仿真 FPU。

（5）支持数十种文件系统格式。

（6）完全运行于保护模式，充分利用了 CPU 性能。

（7）开放源代码，用户可以自己对系统进行改进。

（8）采用先进的内存管理机制，更加有效地利用物理内存。

2004 年 4 月 30 日，Red Hat 公司正式停止对 Red Hat Linux 9.0 版本的支持，原本的桌面版 Red Hat Linux 发行包则与 Fedora 计划合并，成为 Fedora Core 发行版本。Red Hat 公司不再开发桌面版的 Linux 发行包，而将全部力量集中在服务器版的开发上，也就是 Red Hat Enterprise Linux 版。

8）CentOS

初始版本：2004 年 5 月 14 日。支持语言：多种语言（包括中文）。其图标如图 1.9 所示。

图 1.9　CentOS 图标

Community Enterprise Operating System 的缩写是 CentOS。它是一个高度自由的企业级 Linux 版本，基于 Red Hat Linux 提供的源代码而产生。可以说 CentOS 是 RHEL 源代码再编译的产物，不同版本的 CentOS 操作系统都会通过安全更新获得十年左右的支持。CentOS 大约两年发行一次，而且为了便于支持新的硬件，每个版本的 CentOS 会大概每 6 个月更新一次。通过这样的方式来建立一个安全、稳定、低维护、开支小、可控性好、复用性高的 Linux。CentOS 修正了不少在 RHEL 上的已知的缺陷，所以相较于其他发行版 Linux，其稳定性更加值得信赖。RHEL 提供的是源代码的发行方式，因为 Linux 的源代码是 GNU，所以 CentOS 可以合法地将 RHEL 发行的源代码重新编译形成一个二进制版本来进行使用。

9）Arch Linux

初始版本：2002 年 3 月 11 日。创始人：Judd Vinet。支持语言：多种语言（包括中文）。其图标如图 1.10 所示。

图 1.10　Arch Linux 图标

Arch 的思想就是 Keep It Simple, Stupid（对应中文为"保持简单，傻瓜式"）。Arch Linux 具有简洁、与时俱进、实用三种特性。简洁即尽量少地添加修改，可以说它对原始开发者提供的软件尽量不做不必要的修改，而仅仅对是它的各发行版做一些少量的修改。

Arch 是与时俱进的，它尽全力保持软件处于最新最稳定的版本，而且只要最新版的软件包不出现问题，都推荐用户使用最新版本。Arch 采用滚动更新策略，即一次安装持续升级更新，这也是它与时俱进的具体体现。

GNU/Linux 用户可以得到 Arch 提供的许多系统的新特性，包含 systemd 初始化系统、LVM2/EVMS、现代的文件系统、软件磁盘阵列（软 RAID）、udev 支持等，以及最新的 Arch 内核。

Arch 十分实用，设计者们本身就注重实用性，避免使用有争议的技术。而且它集思广益，最终的设计决策都是由开发者们达成共识后决定。开发者根据事实来分析和讨论，避免系统的政治因素，而且坚持自己的核心技术观念并且不会随波逐流。Arch Linux 的仓库中提供了大量的开源和闭源的软件供使用者来选择，它秉承着"用户友好"的思想不断地进行每个发行版的修正，得到了大量的用户支持。

Arch Linux 虽然秉承的是以用户为中心，但是它的最终目的并不是吸引更多的用户，而是不断满足贡献者们的需求。也因为这个特性，它吸引了一大批志愿者来对 Arch 进行二次开发,漏洞修改。而且 Arch 的社区十分活跃,为新加入的人提供了更好的技术支持,完善了系统各种问题的解决方案。这是使用者可以不断得到满足的操作系统。

Arch 的每一个用户都被鼓励参加系统的完善以及系统的二次开发,提供软件补丁对文档进行查阅修改,为 Arch 的不断发展做出贡献。Arch 的开发者几乎都是志愿者,用户通过不断地对 Arch 进行贡献而成为其开发团队的一员,开发者们可以自行贡献软件包到 Arch User_Repository,用来提高 ArchWiki 文档质量,并且可通过论坛、邮件列表、IRC 中给其他用户提供技术支持和使用帮助。Arch Linux 是全球许多用户的选择,已经有很多国际社区为各国使用者提供帮助和文档翻译。

10)Gentoo

初始版本:2002 年 3 月 31 日。创始人:Daniel Robbins。支持语言:多种语言(包括中文)。其图标如图 1.11 所示。

Gentoo Linux 为用户提供了许多的应用程序源代码,这是与大多数 GNU/Linux 发行版本有很大区别的。Gentoo Linux 的各部分都可以在用户的系统上重新来编译和建造,甚至包括系统库和编译器。Gentoo 的软件是通过依赖关系描述和源代码镜像的形式提供的,Gentoo 的标准源代码镜像包括 30GB 的数据,用户可以根据自己的需求来进行选择。因为可以自行编译和改造替换的特性,所以系统里面的参数变量都可以由用户自行选择。

图 1.11 Gentoo 图标

自行选择参数可以让用户更加了解系统,可以很好地对硬件的性能进行提升,并且用户可以根据自身的需求来进行软件和系统内核的选择,当前的 Gentoo Linux 内核就已经发布了 35 个之多。

因为其独特的安装配置的方法,所以 Gentoo Linux 社区对系统安装的内容十分丰富且深入。即使没有用过 Gentoo Linux,也可以通过这些文档来了解 Gentoo Linux 的内部设定和软件的设置管理等。

Gentoo Linux 使用 Portage 系统来安装程序,所以需要良好的网络环境和足够的带宽和传输速率,否则会出现各种异常和错误。

安装 Gentoo Linux 的过程对计算机的 CPU 性能要求较高,但是这只是安装的性能需要,如果计算机配置低,安装耗时会较长,所以在挑选 Gentoo Linux 的软件包和内核的时候一定要根据自身计算机的实际情况来选择。

11)KNOPPIX

初始版本:2000 年 12 月 30 日。创始人:Klaus Knopper。支持语言:多种语言(包括中文)。其图标如图 1.12 所示。

KNOPPIX 是由德国程序设计师 Klaus Knopper 设计的,他把自己的姓 Knopper 和 Linux 相结合将系统称为"KNOPPIX"。

这些年来,Linux 系统的 X-Window 界面已经设计得非常完善与实用,而且在界面的美化上并不输给 Windows 系统,例如,目前知名的 Ubuntu、Red Hat Linux 等。由于 Linux 系统在安装上并不像 Windows 系统那么方便,许多人总是认为"Linux 安装不便、界面不好用"而不想使用 Linux,所以 Klaus 特意把

图 1.12 KNOPPIX 图标

KDE 版的 Linux 改写成光盘版,使用者只要把 KNOPPIX 光盘放入光盘机中,开机时将计算机的启动项更改成从光盘开机,就可以使用 Linux,直接省去了安装 Linux 的麻烦,而且不会对主机现有硬件造成任何影响,这也算是 Linux 操作系统的一次创新性的改革了。

KNOPPIX 是以 Debian 套件为主干,不必安装,不使用计算机的硬盘,直接在光盘上执行整个 Linux 作业系统。它既可以用来当桌面系统用,也可以用来当网络的主机。KNOPPIX 使用特殊的压缩技术,将约 2GB 的文档压缩在一片 700MB 的光盘上,另外通过一个内附的小程序,还可以将光盘上的系统安装到计算机中。KNOPPIX 在 2000 年时初步完成,现在可以从网络上下载 ISO 文件自行刻录成光盘,并且自由发布与修改都是被允许的。KNOPPIX 有多个版本,根据自身的需求去进行安装使用并没有太多的好坏之分。

12)Oracle Linux

初始版本:2006 年年初。发行者:Oracle 公司。支持语言:多种语言(包括中文)。其图标如图 1.13 所示。

图 1.13 Oracle Linux 图标

Oracle Linux 的全称为 Oracle Enterprise Linux,简称 OEL。Oracle 公司在 2006 年年初发布第一个版本,是 Linux 发行版本之一,其优势在于非常好地支持了 Oracle 的软件和硬件。OEL 是 Oracle 企业版 Linux,由于 Oracle 提供企业级支持计划 UBL,所以许多人都称 OEL 为坚不可摧的 Linux。

2010 年 9 月,Oracle Enterprise Linux 发布新版内核——Unbreakable Enterprise Kernel,专门针对 Oracle 软件与硬件进行优化,最令人惊叹的是 Oracle 数据库运行在 OEL 上性能可以提升超过 75%。这完全是使用 Oracle 数据库公司的首选操作系统。Oracle 以 Red Hat Linux 作为起始模板,移除了 Red Hat 的商标,在其基础上加入了 Linux 的错误修正。Oracle Enterprise Linux 旨在保持与 Red Hat Enterprise Linux 完全兼容。

2. 中文 Linux 发行版

在国内,有很多具有良好中文界面和对中文支持良好的桌面 Linux 版本,主要有 Fedora、Novell SUSE(含社区版 openSUSE)、国产的红旗 Linux 以及 Ubuntu 等。

1)红旗 Linux

红旗 Linux 是由北京中科红旗软件技术有限公司开发的一系列 Linux 发行版,包括桌面版、工作站版、数据中心服务器版、HA 集群版和红旗嵌入式 Linux 等产品。红旗 Linux 在中文方面有着得天独厚的优势,中文环境及自带的应用软件能满足国内用户的需求,如查看 PDF 文件的 Adobe Acrobat Reader、影音播放器 Real Player、五笔输入法以及对手写板的良好支持等。红旗 Linux 是国内较大、较成熟的 Linux 发行版之一,其图标如图 1.14 所示。

图 1.14 红旗 Linux 图标

红旗 Linux 的功能特色如下:完善的中文支持,具有与 Windows 相似的用户界面等。

2)中标普华 Linux

中标普华 Linux 桌面操作系统是面向桌面办公领域的操作系统,该产品秉承人性化、实用化、高效率的设计理念,产品功能齐全,提供了用户所需的标准桌面应用软件,包括电子邮件与日历、Web 浏览器、多媒体工具、PDF 阅读器、图像处理软件、英汉翻译工具等。其图标如图 1.15 所示。

中标普华 Linux 桌面操作系统的功能特性如下。

(1) 熟悉的桌面环境和使用习惯。

(2) 优秀的网络兼容性。

(3) 轻松移植 Windows 数据。

(4) 完整的桌面办公解决方案。

3) Xteam Linux

Xteam Linux 是国内第一套中文 Linux 发行版,由北京冲浪平台软件技术有限公司开发。Xteam Linux 的第 1 版问题非常多,但是它的出现有着非凡的意义。Xteam 的中文化以及与 Windows 非常相似的图形化安装方式深得初学者的青睐,为 Linux 在中国的普及立下了汗马功劳。最新版本是 Xteam Linux 3.0,其图标如图 1.16 所示。

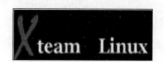

图 1.15　中标普华 Linux 图标　　　　　图 1.16　Xteam Linux 图标

Xteam Linux 3.0 的新特性如下。

(1) 全面的国际化、多语种支持。

(2) 增强的字处理与排版功能。

(3) 最新的系统配置和应用程序。

(4) 独有的系统创新技术。

4) Deepin

初始版本:2006 年年初。发行者:武汉深之度科技有限公司。支持语言:多种语言。其图标如图 1.17 所示。

Deepin 的原名为 Linux Deepin,2014 年 4 月改名为 Deepin。Deepin 团队基于 Qt/C++(用于前端)和 Go(用于后端)开发出了新一代的深度桌面环境(DDE),还有音乐播放器、视频播放器、软件中心等一系列具有独特风格的软件。

图 1.17　Deepin 图标

Deepin 是 Linux 发行版之一,由武汉深之度科技有限公司开发并且发布。Deepin 是一个基于 Linux 的操作系统,专注于用户对日常办公、学习、生活和娱乐的操作体验,适合日常生活使用的计算机,但是并不适合深度开发的专业计算机工作。它包含所有日常生活中需要的应用程序,如网页浏览器、幻灯片演示、文档编辑、电子表格、娱乐、声音和图片处理软件、即时通信软件等。Deepin 的前身 Hiweed Linux 是中国第一个基于 Debian 的本地化衍生版,并提供轻量级的可用 LiveCD,历史可以追溯到 2004 年,其旨在创造一个全新的简单、易用、美观的

Linux 操作系统。

Deepin 拥有自主设计的特色软件：深度截图、深度软件中心、深度影音和音乐播放器等，其全部使用自主研发的 DeepinUI，比如深度桌面环境、DeepinTalk（深谈）等。

Deepin 是中国最活跃的 Linux 发行版。其为所有人提供了稳定且高效的操作系统，侧重于安全、易用、美观三个方面。其口号为"免除新手痛苦，节约老手时间"。而且在各大社区的参与下，"让 Linux 更易用"也不断成为现实。

1.1.3 Linux 的特点

Linux 的流行是因为它具有许多吸引人的优点。

1. 完全免费

Linux 是一款免费的操作系统，用户可以通过网络或其他途径免费获得，并可以任意修改其源代码。这是其他的操作系统所做不到的。正是由于这一点，来自全世界的无数程序员参与了 Linux 的修改、编写工作，程序员可以根据自己的兴趣和灵感对其进行改变。这让 Linux 吸收了无数程序员的才华，不断发展壮大。

2. 完全兼容 POSIX 1.0 标准

POSIX 是 Portable Operating System Interface of UNIX（可移植操作系统接口）的缩写，而 X 则表明其对 UNIX API 的传承。POSIX 是 IEEE 为了提高 UNIX 环境下应用程序的可移植性而定义的一系列互相关联的标准总称，其正式名称为 IEEE 1003，而国际标准名称为 ISO/IEC 9945。

POSIX 标准被分为以下 4 个部分。

（1）陈述的范围和一系列标准参考。

（2）定义和总概念。

（3）各种接口设备。

（4）数据交换格式。

Linux 基本上逐步实现了 POSIX 兼容，但并没有参加正式的 POSIX 认证。符合 POSIX 标准使得可以在 Linux 下通过相应的模拟器运行常见的 DOS、Windows 程序。这为用户从 Windows 转到 Linux 奠定了基础。许多用户在考虑是否使用 Linux 时，总会想到以前在 Windows 下常见的程序是否能正常运行，这一点就帮助用户消除了疑虑。

3. 多用户、多任务

Linux 支持多用户，各个用户对于自己的文件设备有自己特殊的权利，保证了各用户之间互不影响。多任务则是现代计算机最主要的特点，Linux 可以使多个程序同时并独立地运行。

4. 良好的界面

Linux 同时具有字符界面和图形界面。在字符界面用户可以通过键盘输入相应的指令来进行操作。它同时也提供了类似 Windows 图形界面的 X-Window 系统，用户可以使用鼠标对其进行操作。在 X-Window 环境中就和在 Windows 中相似，可以说是一个 Linux 版的 Windows。

5. 丰富的网络功能

UNIX 是在互联网的基础上发展起来的，Linux 的网络功能当然不会逊色。它的网络功能和其内核紧密相连，在这方面 Linux 要优于其他操作系统。在 Linux 中，用户可以轻松实现网页浏览、文件传输、远程登录等网络工作,并且可以作为服务器提供 WWW、FTP、E-mail 等服务。

6. 可靠的安全、稳定性能

Linux 采用了许多安全技术措施,其中有对读、写进行权限控制、审计跟踪、核心授权等技术,这些都为安全提供了保障。由于 Linux 需要应用到网络服务器,所以对稳定性也有比较高的要求,实际上 Linux 在这方面也十分出色。

7. 支持多种平台

Linux 可以运行在多种硬件平台上,如具有 x86、680x0、SPARC、Alpha 等处理器的平台。此外,Linux 还是一种嵌入式操作系统,可以运行在掌上电脑、机顶盒或游戏机上。2001 年 1 月发布的 Linux 2.4 版内核已经能够完全支持 Intel 64 位芯片架构。同时,Linux 也支持多处理器技术,多个处理器同时工作,使系统性能大大提高。

8. 开放性

Linux 自身系统遵循世界标准规范,尤其是遵循开放系统互连(OSI)的国际标准,使得其在各个国家都适用,增加了其传播的可行性。

9. 设备独立性

Linux 操作系统将所有外部接入的设备都当成一个文件,只要在系统中安装对应的驱动程序,用户就可以像使用文件一样来使用这些外接的设备,而不用知道这些设备的其他信息。Linux 的内核是具有高度的适应能力和设备独立性的系统。

1.1.4 Linux 的组成部分

1. 内核

内核是系统的核心,是运行程序和管理诸如磁盘和打印机等硬件设备的核心程序。操作系统是一个用来和硬件打交道并为用户程序提供有限服务集的低级支撑软件。一个计算机系统是一个硬件和软件的共生体,它们互相依赖、不可分割。外围设备、处理器、内存、硬盘和其他的电子设备组成了计算机的发动机,但是如果没有软件来操作和控制它,硬件自身是不能工作的。完成这个控制工作的软件就称为操作系统。

在 Linux 的术语中"内核"也称为"核心"。内核主要作用是运行程序,管理像磁盘和打印机等硬件设备的核心程序。它从用户那里接受命令并把命令送给内核去执行。Linux 内核的主要模块分以下几个部分:存储管理、CPU 和进程管理、文件系统、设备管理和驱动、网络通信,以及系统的初始化(引导)、系统调用等。Linux 内核结构如图 1.18 所示。内核最重要的部分就是内存管理和进程管理。

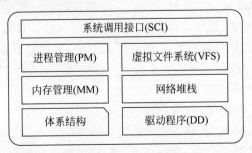

图 1.18 Linux 内核结构

2. Shell

Shell 是系统的用户界面，提供了用户与内核进行交互操作的一种接口。它接收用户输入的命令并把它送入内核去执行。实际上，Shell 是一个命令解释器，它解释由用户输入的命令并且把它们送到内核。不仅如此，Shell 有自己的编程语言用于对命令的编辑，它允许用户编写由 Shell 命令组成的程序。Shell 编程语言具有普通编程语言的很多特点，比如它也有循环结构和分支控制结构等，用这种编程语言编写的 Shell 程序与其他应用程序具有同样的效果。

Shell 中的命令分为内部命令和外部命令。前者包含在 Shell 之中，如 cd、exit 等，查看内部命令可用 help 命令。后者存于文件系统某个目录下的具体可操作程序中，如 cp 等，查看外部命令的路径可用 which。

3. 文件系统

Linux 文件系统是文件存放在磁盘等存储设备上的组织方法。Linux 能支持多种目前流行的文件系统，如 EXT2、EXT3、FAT、VFAT、ISO9660、NFS、SMB 等。

文件系统是 Linux 操作系统的重要组成部分，Linux 文件具有强大的功能。文件系统中的文件是数据的集合，文件系统不仅包含着文件中的数据而且还有文件系统的结构，所有 Linux 用户和程序看到的文件、目录、软连接及文件保护信息等都存储在其中。一个文件系统的好坏主要体现在对文件和目录的组织上。目录提供了管理文件的一个方便而有效的途径。使用 Linux，用户可以设置目录和文件的权限，以便允许或拒绝其他人对其进行访问。Linux 目录采用多级树形结构，用户可以浏览整个系统，可以进入任何一个已授权进入的目录，访问那里的文件。文件结构的相互关联性使共享数据变得容易，几个用户可以访问同一个文件。Linux 是一个多用户系统，操作系统本身的驻留程序存放在从根目录开始的专用目录中，有时被指定为系统目录。

4. 应用系统

标准的 Linux 系统都有一整套称为应用程序的程序集，包括文本编辑器、编程语言、X-Window、办公套件、Internet 工具、数据库等。

1.2　自由软件与开源软件

1.2.1　自由软件

1985 年 10 月，理查德·斯托曼建立了自由软件基金会，其主要工作是执行 GNU 计划，开发更多的免费、自由以及可自由流通的软件。根据自由软件基金会的定义，自由软件是一种可以不受限制地自由使用、复制、研究、修改和分发的软件。这方面的不受限制正是自由软件最重要的本质。要将软件以自由软件的形式发表，通常是让软件以"自由软件授权协议"的方式被分配发布，以及公开软件原始代码。自由软件对全世界的商业发展有巨大的贡献。自由软件赋予使用者以下 4 种自由。

(1) 不论目的为何，有使用该软件的自由。

(2) 有研究该软件如何运行，以及按需改写该软件的自由。

(3) 有重新散布该软件的自由，所以每个人都可以借由散布自由软件来加强人际交流。

（4）有改善再利用该软件的自由，并且可以发表改写版供公众使用，如此一来，整个社群都可以受惠。如第（3）项，取得该软件之源代码为达成此目的之前提。

自由软件使成千上万人的日常工作更加便利，为了满足用户的各种应用需要，它以一种不可思议的速度发展。自由软件是信息社会下以开放创新、共同创新为特点的创新 2.0 模式在软件开发与应用领域的典型体现。主要许可证有 GPL 和 BSD 两种。

1.2.2 GPL 和 BSD 许可证

GPL 是 GNU 通用公共许可证的简称，是由自由软件基金会发行的用于计算机软件的协议证书，使用该证书的软件被称为自由软件。大多数的 GNU 程序和超过半数的自由软件使用它。Linux 操作系统以及与它有关的大量软件是在 GPL 的推动下开发和发布的。如果读者打算为了发布的目的修改、更新或改进任何受通用公共许可证约束的软件，读者所修改的软件同样必须受到 GNU 通用许可证条款的约束。

BSD 许可证即 Berkeley Software Distribution License，是自由软件中使用最广泛的许可证之一。BSD 软件就是遵照这个许可证发布的软件。1979 年，美国加州大学伯克利分校发布了 BSD UNIX，被称为开放源代码的先驱，BSD 许可证是随着 BSD UNIX 发展起来的。BSD 许可证现在被 Apache 和 BSD 操作系统等开源软件所采纳。

相较于 GPL 许可证的严格性，BSD 许可证就宽松了许多，一样是只需要附上许可证的原文，不过它还要求开发者将自己的版权资料放上去，所以拿到以 BSD 许可证发行的软件，其版权资料许可证占的空间可能比程序还大。

1.2.3 OSI 和 OSS

OSI 是 Open Source Initiative 的缩写，即开放源代码促进会。1998 年 2 月，OSI 由 Bruce Perens 及埃里克·斯蒂芬·雷蒙等人创立，是一个旨在推动开源软件发展的非营利性组织。OSI 徽标如图 1.19 所示。开放源代码促进会是一个为了帮助那些既有可运行程序也有源代码的软件获得支持的一个组织。该组织不提供具体的许可证，取而代之的是它支持各种各样类型可用的开源许可证。OSI 的目的是，通过让各个公司撰写自己的开源代码许可证并得到 OSI 的认证，使开源软件得到更多公司的支持。因为很多公司想发布源代码，但不想使用 GPL 许可证。由于这些公司无法修改 GPL，因此 OSI 允许提供自己的许可证并使其得到 OSI 的认证。

图 1-19 OSI 徽标

OSS 是 Open Source Software 的首字母缩写，即开放源代码软件，是指一种公开源代码的软件。用户可以修改、使用、复制、分发软件的源代码。开放源代码软件一般是免费发布的，可以在 Internet 上自由下载，用户无须缴纳许可证的费用。开放源代码软件由一个核心组织领导，通常由一个很大的社区在 Internet 上协作开发完成。这种"集市"式的开发模式使得其通常有着比封闭源代码软件更高的质量。用户可以得到软件的源代码，更容易根据自己的特殊要求进行定制。开放源代码软件的生命周期不依附于某个公司，因此有更强的生命力。

1.2.4 开放源代码软件在我国的发展

为了推动解决开源软件面临的标准不统一、人才和资金缺乏等困难，促进开放源代码项目向易用性、实用性、广泛性应用的转化,中国软件行业协会共创软件分会(共创软件联盟)在科学技术部高新技术发展及产业化公司以及国家"863 计划"软件重大专项专家组、计算机软硬件技术主题专家组的大力支持下,于 2004 年 9 月启动并组织了"中国开源软件竞赛"。这是国内首次举行的大规模的开放源代码竞赛,得到了业界广泛的响应,参与院校七十多所,科研院所、企业三十多家。大赛收到的全国各地参赛院校学生及企业、个人爱好者推荐参赛开源项目近三百个,涉及范围涵盖安全解决方案、文件共享应用、网络管理、科学计算、Linux 系统优化、办公软件及应用解决方案、系统管理工具、桌面相关应用、网络服务应用、教育娱乐应用、嵌入式应用系统等众多领域,充分展现了我国开放源代码运动的发展水平。

1.2.5　自由软件与开源软件的区别

虽然自由软件基金会和开放源代码促进会相互帮助,但它们不完全是一回事。自由软件和开放源代码是基于两种不同哲学理念而发起的运动,自由软件的目的在于自由"分享"与"协作"。自由软件基金会使用一个特定的许可证,并使用该许可证发布软件。

开放源代码促进会是为所有的开放源代码许可证寻求支持,包括自由软件基金会的许可证。开放源代码运动通常旨在提高技术等级,是一种技术等级发展模式,依据经济与技术的价值,源代码可以自由获得,其所带来的价值跟微软公司所提倡的一样,都是狭义上的实际价值。

两个组织对于使源代码自由可用的基本出发点区分了这两项运动,它们之间最大的区别是哲学理念上的区别。为什么哲学理念会产生影响?因为人们不重视他们的自由,所以必将失去自由,如果你给人们自由而不告诉他们应重视自由,那么他们所拥有的自由必不会长久。所以仅传播自由软件是远远不够的,还要教导人们去追求自由,这样或许才能让人们解决现今看来无法解决的问题。

1.3　Linux 应用

1.3.1　Linux 在云计算中的应用

云计算的特点是通过使计算分布在大量的分布式计算机上,而非本地计算机或远程服务器中,企业数据中心的运行将与互联网更相似。它使得企业能够将资源切换到需要的应用上,根据需求访问计算机的存储系统并进行计算操作。这意味着计算能力成为一种商品可以进行流通,而且云计算的这种功能使用方便,费用低廉。最大的不同在于,这是通过互联网进行流通的。

云计算存储的数据通过 Internet 将物理资源转换成可伸缩的共享资源实现资源的虚拟化。尽管虚拟化不是一个新方式,但是通过服务器虚拟化共享物理系统使得云计算和存储更加高效、伸缩性更强。通过云计算,使用者可以访问大量的计算和存储资源,而且不用关心这些资源的信息。

Linux 在这个过程中扮演了重要的角色。Linux 是现在主流的服务器搭建的操作系统,而云计算是通过服务器来进行可伸缩的资源共享,可以说云计算是 Linux 承载的一种网络服务,通过虚拟化来进行服务和资源的扩展。业界一致的观点就是云计算架构在开源软件之上,并且大部分基础应用都将基于开源软件。

因为作为集中式的服务平台,开放性永远是其关键要素之一,同时开源软件的灵活性和可扩展性也完全与云计算的发展趋势相吻合,综上所述,有了 Linux 才能有云计算。Linux 和开源社区为云计算领域做出了巨大的贡献。由上述可知,云计算是部署在 Linux 系统里的网络服务。

1.3.2 Linux 在嵌入式中的应用

虽然大多数 Linux 系统运行在 PC 平台上,但 Linux 由于自身的优良特性,几乎是天然地适合作为嵌入式操作系统。Linux 的主要特点是源代码开放,没有版税;功能强大,稳定,健壮;具有非常优秀的网络功能,图像和文件管理功能,以及多任务支持功能;可定制性;有成千上万的开发人员的支持;有大量的且不断增加的开发工具。基于以上原因,Linux 成为最适合嵌入式开发的操作系统,嵌入式领域将是 Linux 最大的发展空间。

具有嵌入式智能的设备数量正呈指数级增长,随之而来的是对集成操作系统的需求。嵌入式 Linux 由设备或系统封装,或者专用于设备或系统。它包含在商业产品或硬件中,具体来说,大概有以下几类:移动计算设备,如 HandPC、PalmPC 及 PDA;移动通信终端设备,如上网手机;网络通信设备,如接入盒、打印机服务器乃至路由器、交换机;智能家电设备,如机顶盒;仿真、控制设备。

1.3.3 Linux 在大数据中的应用

大数据需要特殊的技术,以有效地处理大量的数据,包括大规模并行处理(MPP)数据库、数据挖掘、分布式文件系统、分布式数据库、云计算平台、互联网和可扩展的存储系统。在大数据平台的搭建中,最为经典和流行的系统就是 Linux。Linux 自身具有免费开源的特性,加上其本身对服务器的搭建有着主导的地位。大数据作为一个基于开源软件的平台,Linux 占据了核心优势。据 Linux 基金会的统计,超过 86% 的企业已经使用 Linux 操作系统进行云计算、大数据平台的构建。Linux 已开始取代 UNIX 成为最受青睐的大数据平台操作系统。

1.3.4 Linux 在物联网中的应用

提到物联网操作系统,就不能不提 Linux。在传统 Linux 内核基础上,经过设计者的裁剪、修饰,就可以移植到嵌入式系统上并能够很好地运行管理。而且,还有很多开源组织和商业公司对 Linux 进行改造,使其更符合嵌入式系统或物联网应用的需求,比如改造为实时操作系统。可以说,Linux 是目前在物联网设备中应用最广的操作系统。下面是一些互联网公司基于 Linux 自行打造的适合物联网领域的操作系统。

1. uCLinux

uCLinux 全称为 Micro-Control Linux,即"微控制器领域中的 Linux 系统",是 Lineo 公司的物联网主打产品,同时也是开放源代码的嵌入式 Linux 的经典之作。

uCLinux 主要是针对目标处理器没有存储管理单元(Memory Management Unit,MMU)的嵌入式系统而设计的。它已经被成功地移植到了很多平台上。由于没有 MMU,

在 uCLinux 上实现多任务需要一定的技术。

2. RTLinux

RTLinux(Real-Time Linux)是 Linux 中的一种实时操作系统。它由新墨西哥矿业及科技学院的 V. Yodaiken 开发。现在已被 WindRiver 公司收购。

RTLinux 开发者并没有针对实时操作系统的特性而重写 Linux 的内核,因为这样做的工作量非常大,而且很难保证兼容性。RTLinux 是将 Linux 的内核代码做了一些修改,将实时任务作为优先级最高的任务,Linux 本身的任务以及 Linux 内核作为优先级较低的任务。

3. LiteOS

2015 年 5 月,在华为网络大会上,华为发布了敏捷网络 3.0,主要包括最轻量级的物联网操作系统 LiteOS、敏捷物联网关、敏捷控制器三部分。LiteOS 称其可以作为只有 10KB 大小的内核来部署。

4. Brillo

谷歌提出 Project IoT 物联网计划,并发布了 Brillo 操作系统,它是一个物联网底层操作系统。

Brillo 源于 Android,对 Android 底层进行了细化,并且得到了 Android 的全部支持,比如蓝牙、WiFi 等技术,有着低功耗高安全的特性,任何设备制造商都可以直接使用。

5. OpenWrt

轻量级 OpenWrt 是一个基于 Linux 的操作系统,很多智能路由器固件都是基于 OpenWrt 及其衍生版本的。OpenWrt 包括很多衍生版本,这些衍生版本还有很多分支版本。比如 LEDE,它的全称是 Linux 嵌入式开发环境项目,就是一个基于 OpenWrt 的衍生版本。其他衍生版本还有 DD-Wrt,以及面向 Arduino 的 Linino 等。

6. Raspbian

如果要深入学习树莓派,那么 Raspbian 是必须要了解的一个系统,它是在 Debian 基础上专门为树莓派开发的 Linux 发行版,特地对树莓派的硬件进行了优化和移植。在这个系统中不仅实现了操作系统的功能,还附带了大量的软件包和预编译的软件来针对树莓派的开发。

1.3.5 Linux 的发展趋势

在全球范围内 Linux 的发展状况极佳,其增长速度是非常快的。目前,全球 Linux 市场已经超过了 70 亿美元,比其他操作系统增长得更加快速。

特别是在中国,Linux 增长显得更快。在全球每年大概是 9%~13% 的增长率,而在中国,使用 Linux 来搭建服务器的增长率是每年 33%。

从未来 Linux 的发展趋势来看,其中一个推动 Linux 增长的重要动力就是节能减排。即如何更多减少对于热力、电力的消耗,节省能源。根据市场分析,在未来 4 年里,全球企业对电力的需求要翻一番,这意味着企业面临着更加严峻的挑战。

我国政府也提出了要节能减排建设节约型社会。对于企业而言,数据中心特别是服务器的能耗问题已经成为很多企业要解决的首要问题。而且许多低端的服务器使用率并不高,从技术创新的角度出发,如何把很多小的服务器整合起来,从而节省能源,已经形成了一个趋势。而 Linux 作为服务器操作系统的首选,这样的解决方案显得尤为迫切。

现如今许多互联网公司正在使用各种创新的科技手段来达到节约能源的目的。不管现在大量的服务器是运行在 Linux 平台上,还是运行在多种平台上,利用虚拟化等科技手段,都可以把它们整合在一个大的服务器上,通过这种做法,能够改进对于资源的耗费,节省管理资源。因为大量的服务器管理起来很复杂,整合在一起就容易管理,其中一个目的就是减少能源的消耗,对于管理来讲更加容易,通过这样的科技手段来达到节能减排的目的。

另外一个发展趋势就是 Linux 从过去大部分用于基础架构,比如企业的 Internet 服务器,现在逐渐转向了面向企业的核心业务应用,这种转变能帮助企业更加安全、可靠、稳定、成熟地提高自身的核心业务处理能力。

通过许多国家的发展情况可以看到这种趋势的改变,即从基础架构转向核心业务应用,这也是所谓的下一代 Linux 支持的核心业务应用。下一代 Linux 的应用可谓是方方面面,比如企业的 ERP 应用、企业的 CRM 应用等。另外,从行业的角度来看,比如财务系统、交易系统、零售系统等也开始成熟。

第三个趋势,就是 IT 系统的复杂性,比如网络的数量,每隔半年,世界对于网络要求的数量就要加倍。从另外的数据来看,还有对带宽的要求来讲,每隔 8 个月就加倍,也就是说,对 IT 管理的复杂性增加得很快。

当下流行或者火热的互联网新兴技术,几乎都与 Linux 有着千丝万缕的联系,比如大数据、云计算、互联网等,这些技术几乎都是从 Linux 操作系统入手的。当下的科技时代选择了 Linux,而 Linux 又促进了当下科学技术的发展,两者相辅相成。

1.3.6　Linux 有关的网站

在学习 Linux 时需要查询 Linux 的相关资料,表 1.1 列举了一些有用的网站,读者可以参考。

表 1.1　与 Linux 有关的网站

网 站 内 容	网　　址
GNU 操作系统官网	http://www.gnu.org/
Linux 内核官网	http://www.kernel.org/
Fedora 官方网站	http://fedoraproject.org/zh_CN/
Beautifulinux,发行版本介绍	http://www.beautifulinux.com/
FedoraFAQ,Fedora 各发行版常见问题	http://www.fedorafaq.org/
Fedora Forums,Fedora 官方论坛	http://www.fedoraforum.org/
My-Guides.net,实用 Linux 教程	http://www.my-guides.net/en
Fedora 中文用户组	http://groups.google.com/group/fedora—cn/
Ubuntu Forum,Ubuntu 官方论坛	http://ubuntuforums.org/
Ubuntu 中文星球	http://planet.ubuntu.org.cn/
中文 IBM——Linux 专区	http://www.ibm.com/developerworks/cn/linux/
Linux 中国资讯网站	https://linux.cn/
CentOS 官网	https://www.centos.org/
Linux 下载网站	http://www.linuxdown.net/
Linux 公社	http://www.linuxidc.com/

小　　结

　　了解历史是学习的第一步,本章回顾了 Linux 的发展历史,并对 Linux 的发行版本、特点、应用领域做了详细的介绍。除此之外,还介绍了自由软件与开源软件的发展历程。

习　　题

1. GNU 工程开发出的软件采用以下哪种声明?(　　)
   A. Mozilla Public License　　　　　　　B. BSD 开源协议
   C. Apache Licence 2.0　　　　　　　　　D. GPL
2. Linux 内核的许可证是(　　)。
   A. NDA　　　　　　B. GDP　　　　　　C. GPL　　　　　　D. GNU
3. 关于 Linux 的说明下列哪些是正确的?(　　)
   A. Linux 是一个开放源代码的操作系统
   B. Linux 是一个类 UNIX 的操作系统
   C. Linux 是一个多用户的操作系统
   D. Linux 是一个多任务的操作系统
4. 简述 Linux 内核与发行版的区别。
5. 请列举至少 5 个 Linux 发行版。
6. 简述自由软件与开源软件的区别。
7. 简述 Linux 系统的应用及发展趋势。

第 2 章 Linux 安装

本章学习目标

- 了解 Linux 的安装方法。
- 掌握 Ubuntu 的安装。
- 熟悉 Virtual Box 虚拟机安装 Linux 的方法。

2.1 Linux 的安装方法

在以往的 Ubuntu 版本中一般会发行 LiveCD 的版本，从字面上来看，这种方式的系统安装，并不是安装在计算机上而是在 CD 即光驱中。这仅仅适合于对 Ubuntu 进行体验，这种方式下 Ubuntu 的读写速度会受到很大的限制，而且其售价也并不便宜，总的来说性价比太低，并不推荐大家通过这种方式使用 Ubuntu。

如果是体验 Ubuntu，没必要去买一张 CD。现在的 Ubuntu 的 ISO 镜像都会在安装的时候提供两种选择，一种是试用版，类似于 LiveCD；另一种是真正安装到系统中。为了能够很好地使用 Ubuntu 系统，应该真正地安装系统。在安装之前应该了解自己计算机的具体情况，如硬件配置和自己目前已经有的操作系统等。Linux 对硬件要求并不高，绝大多数配置的计算机都可以使用，最小内存要求为 256MB。

Ubuntu 的安装过程十分人性化，只要按照提示一步步进行，安装过程和 Windows 一样简便，作为对硬件支持最好最全面的 Linux 发行版之一，许多在其他发行版上无法使用或默认配置时无法使用的硬件，在 Ubuntu 上都可以使用。Ubuntu 采用自行加强的内核，在安全性方面更上一层楼。Ubuntu 默认不能直接通过 root 登录，必须从第一个创建的用户通过 su 或 sudo 来获取 root 权限，这虽然不太方便，但无疑增加了安全性，避免用户由于粗心而损坏系统。

如果当前计算机上已经安装了 Windows 操作系统，则可以采用双系统的方式安装 Ubuntu，也可以使用虚拟机来安装 Ubuntu。下面以 Ubuntu 16.04 桌面版为例，详细介绍这两种安装方法。

2.2 在安装有 Windows 10 的系统中安装 Ubuntu 16.04

Ubuntu 系统的安装一般都是双系统安装，是指在已安装 Windows 系统的基础上，再安装一个 Ubuntu 系统，使得两个系统可以并存。在安装双系统时，要考虑将两个系统是否安装在同一个分区,一般会将 Windows 系统和 Ubuntu 系统放在不同的分区。下面的过程就是在 Windows 10 的系统中,将 Ubuntu 16.04 安装在另外一个分区,实现双系统共存。

2.2.1 安装前的准备

安装前首先要准备一个 8GB 左右的 U 盘,用来作系统启动盘。因为制作的过程中会格式化 U 盘,所以在制作前要备份数据。为了以后能够很好地管理两个系统,作者强烈建议在硬盘上单独分出一块空白的磁盘空间去安装 Ubuntu 系统。在 Windows 10 下通过Win+X 组合键找到"磁盘管理",选择一块剩余空间较大的磁盘压缩出一部分存储空间,如图 2.1 所示。

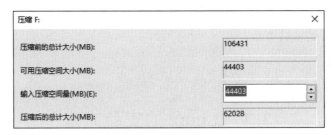

图 2.1 磁盘压缩

接下来再通过 Win+X 组合键找到"电源选项",单击进去之后选择"其他电源设置",如图 2.2 所示。完成之后会看到"选择电源按钮的功能",单击进去关掉"更改当前不可用的设置"里面的"启用快速启动"功能,如图 2.2 所示。如果开启这项功能,开机的时候,可能会因为开机速度的问题直接跳过系统选择,导致 Ubuntu 无法加载。

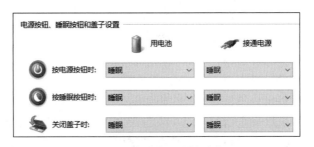

图 2.2 关闭快速启动功能

2.2.2 安装需要准备的软件

第一个需要准的软件是 UltraISO,用来制作系统启动盘。

第二个是 EasyBCD,用来进行安装后的系统启动引导。

最后一个是 Ubuntu 16.04 的 ISO 文件,是系统的映像,只有下载了这个 ISO 文件才能进行系统的安装。

如图 2.3 所示为安装需要的软件。

2.2.3 制作 Ubuntu 的启动 U 盘

因为是通过 U 盘进行安装的,所以需要通过 UltraISO 将 Ubuntu 的映像刻录到 U 盘

UltraISO_9...
- 快捷方式
EasyBCD
ubuntu-16...
- 快捷方式

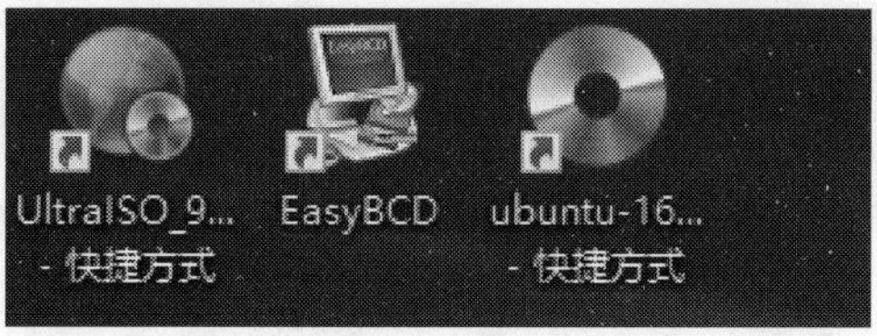

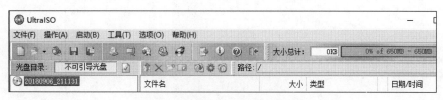

图 2.3　安装需要的软件

里面，步骤如下：打开左上角的“文件”选择“打开”找到下载好的 Ubuntu 镜像文件。接下来单击“启动”选择“写入硬盘映像”，以默认方式写入到 U 盘中，如图 2.4 所示。

UltraISO
文件(F) 操作(A) 启动(B) 工具(T) 选项(O) 帮助(H)
大小总计: 0KB
0% of 650MB - 650MB
光盘目录: 不可引导光盘
路径: /
20180906_211131
文件名
大小 类型
日期/时间

图 2.4　UltraISO 的界面

将 Ubuntu 映像写入之前准备好的 U 盘，如图 2.5 所示。

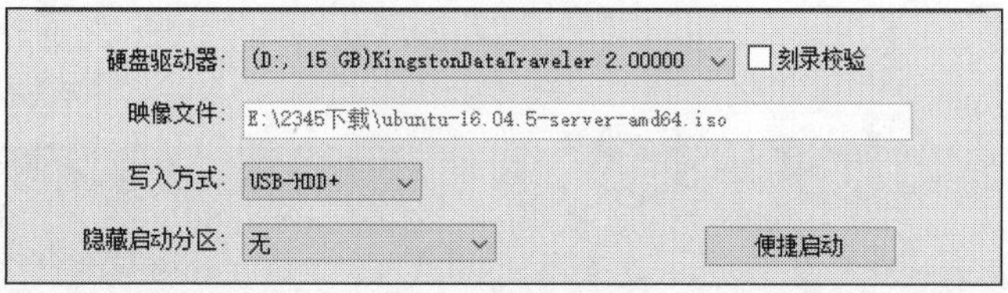

硬盘驱动器: (D:, 15 GB)KingstonDataTraveler 2.00000
刻录校验
映像文件: E:\2345下载\ubuntu-16.04.5-server-amd64.iso
写入方式: USB-HDD+
隐藏启动分区: 无
便捷启动

图 2.5　映像的写入

2.2.4　开始安装

因为是通过 U 盘来启动安装，所以在计算机重启的时候设置 U 盘为启动项，因为计算机的不同，设置的方法会有些出入，所以在这里不进行叙述。编者的计算机在开机的时候按住 F12 键就能进入启动选项界面。选择 U 盘启动，进入正式的 Ubuntu 安装界面，如图 2.6 所示。

选择了安装 Ubuntu 后一路继续，直到出现图 2.7。在这里作者要声明一下，选择其他选项需要手动地去进行 Ubuntu 的分区工作，但是好处在于如果哪天需要更换系统可以直接在 Windows 下格式化被分配的磁盘，这样 Ubuntu 就不存在了，既方便管理也能避免系统的混乱。

接下来就需要对之前压缩出来的空白磁盘进行分区了，分区之前先来认识一下 Linux 系统的几个主要分区。

/：存储系统文件，建议 10～15GB。

swap：交换分区，即 Linux 系统的虚拟内存，建议是物理内存的 2 倍。

/home：home 目录，存放音乐、图片及下载资源等文件的空间，建议最后分配所有剩下的空间。

/boot：包含系统内核和系统启动所需的文件，实现双系统的关键所在，建议 200MB，如图 2.8 所示。

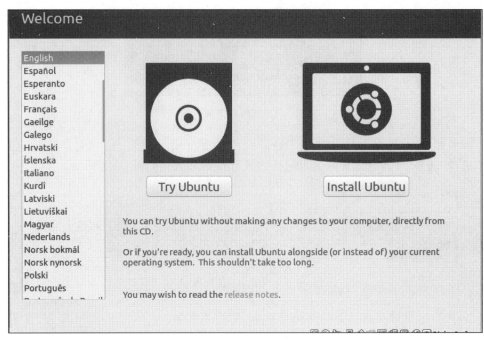

图 2.6 选择安装 Ubuntu

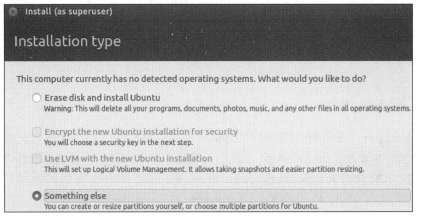

图 2.7 选中 Something else 单选按钮

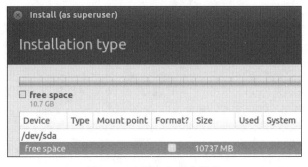

图 2.8 选择空白磁盘操作

选定空白磁盘,单击＋,首先分配16GB空间给/分区,选择主分区、空间起始位置、Ext4和挂载点/,如图2.9所示。

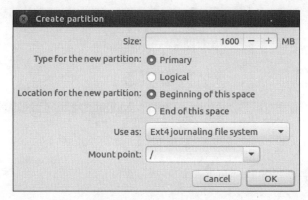

图2.9　给/分区分配空间

重复创建步骤,分配16GB空间给swap分区,选择逻辑分区(主分区已满)、空间起始位置、用于交换空间,如图2.10所示。

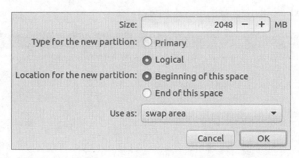

图2.10　Swap area分区

接着分配200MB空间给/boot分区,选择逻辑分区(主分区已满)、空间起始位置、Ext4和挂载点/boot,如图2.11所示。

最后一步,将剩余空间分配给/home分区,选择逻辑分区(主分区已满)、空间起始位置、Ext4和挂载点/home,如图2.12所示。

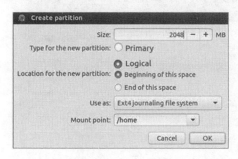

图2.11　/boot分区

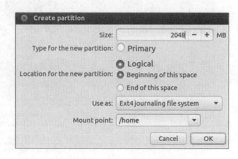

图2.12　/home分区

在最下面选择/boot对应的盘符作为"安装启动引导器的设备",务必保证一致。这是一个很重要的地方,如果选错,那么启动就会出错,如图2.13所示。

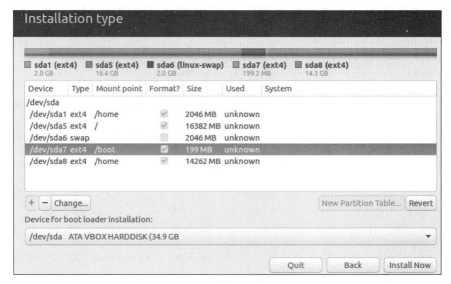

图 2.13　选择对应的盘符

单击 Install Now 按钮出现如图 2.14 所示界面。

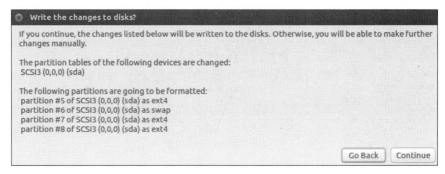

图 2.14　改动写入磁盘

安装之后就是 Ubuntu 系统的一些设置了，如图 2.15 所示。

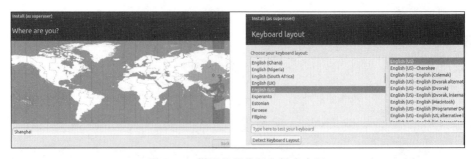

图 2.15　设置地理位置和键盘布局

　　完成上面的设置后，还要设置账号和密码。这一步很重要，注意一点就是设置好密码后一定要记住，否则就无法进入系统了，即要记住图 2.16 所示的内容。设置完成后就可以单击如图 2.17 所示的 Restart Now 按钮来开机了。

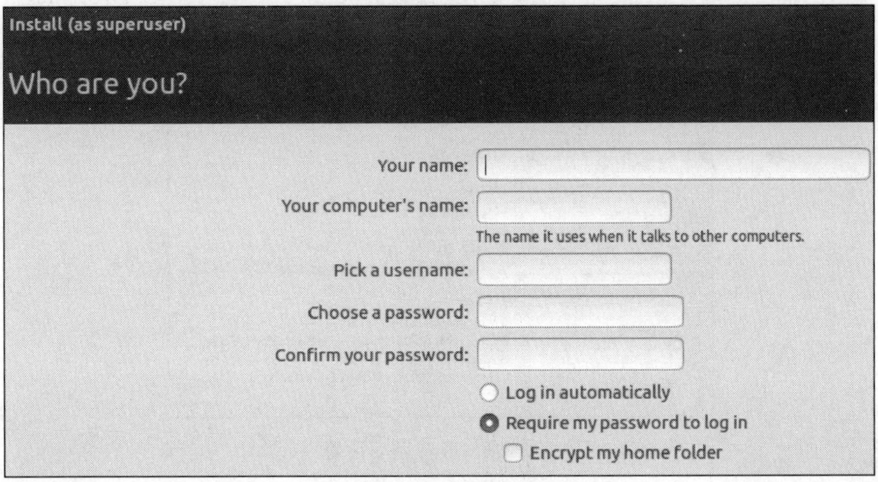

图 2.16　设置账户密码

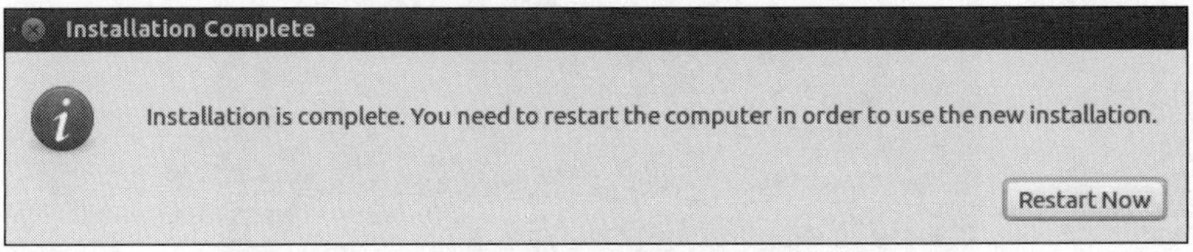

图 2.17　安装成功

安装成功之后还要打开 Windows 10 用 EasyBCD 来进行系统的引导。首先选择添加新条目,在 Linux/BSD 一栏编辑启动信息,驱动器要选择之前分区的/boot 磁盘,如图 2.18所示。添加完成之后单击"查看设置",就能看到如图 2.19 所示界面。

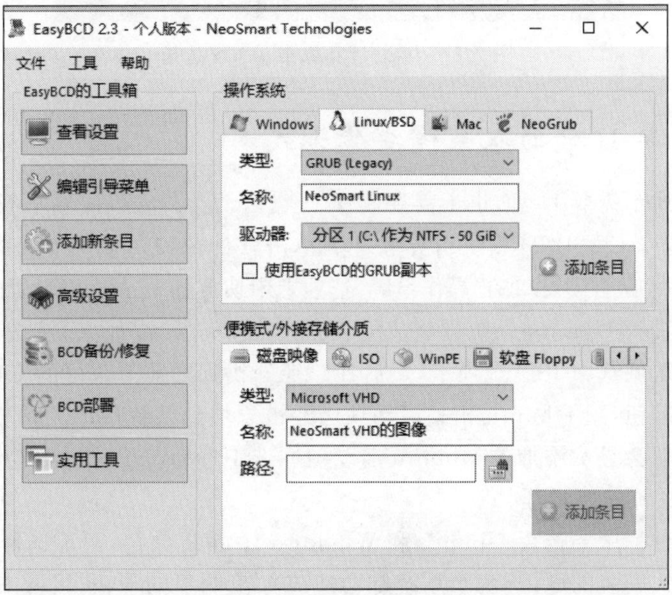

图 2.18　为 EasyBCD 添加启动项

图 2.19　查看启动设置

完成上面的工作后重启计算机,出现如图 2.20 所示界面,则证明成功地安装了双系统,并能够在开机时选择系统进入。

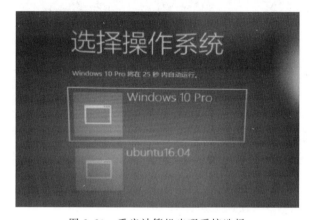

图 2.20　重启计算机出现系统选择

2.2.5　不需要 U 盘的双系统安装方式

这种安装方式不需要 U 盘,也不需要制作 U 盘启动盘。它只需要下载 Ubuntu ISO 映像,之后安装并运行 EasyBCD 系统引导软件。单击软件窗口左侧"EasyBCD 工具箱"中的"添加新条目",然后在右侧窗口的"操作系统"选项卡中切换到 Linux/BSD,如图 2.21 所示。

"驱动器"设置为 Ubuntu 系统即将安装到的分区,单击"添加条目"按钮。然后在下载的存储介质设置区域选中 ISO 选项卡,然后在路径处找到之前下载好的 Ubuntu ISO 映像,单击"添加条目"按钮,则 Ubuntu 相关启动项已经被添加到系统启动菜单中。重启计算机,在启动菜单界面就会显示添加的 Ubuntu 启动项。选中"NeoSmart 的 ISO 条目"启动项,即可进入 Ubuntu 系统安装过程。

不过在安装过程中要选择 Ubuntu 和 Windows 10 系统共存,而不选择其他选项。这也是不推荐这种方式安装的原因,两个系统都会造成 C 盘明显的卡顿,接下来的 Ubuntu 安装设置过程在之前已经介绍过了,这里就不一一介绍了。

图 2.21　EasyBCD 工具箱安装

2.3　在虚拟机下安装 Ubuntu

除了在物理机上安装 Ubuntu 之外，还可以在当前使用的系统中使用虚拟机来安装 Ubuntu，这样做的好处在于既不会对当前使用的系统产生影响，又能够对 Ubuntu 有一个很好的体验。而且对于还在学习 Linux 的人来说这算是一种很好的过渡手段，既可以学习自身不熟悉的 Ubuntu 系统，又可以使用 Windows 系统。这样的方式大多运用在 Linux 的教学当中，是一种确实可行的方式。

现在主流的虚拟机软件有两款，一款是 VMware 虚拟机，另一款是 VirtualBox 虚拟机。两者在操作上有些许差异，但是功能类似，都是在当前系统中创建虚拟主机。本教材的内容都是基于 VirtualBox 虚拟机实现的，但是同样地也可以在 VMware 虚拟机上实现。下面将介绍在 VirtualBox 虚拟机中安装 Ubuntu 16.04 系统的过程。

2.3.1　在 VirtualBox 下安装 Ubuntu

1. 创建虚拟机

运行 VirtulBox 程序，单击"新建"按钮，新建一个虚拟机。虚拟机名称可以随意输入，如 Ubuntu。操作系统选择 Linux，版本选择 Ubuntu(64-bit)。单击"下一步"按钮，如图 2.22 和图 2.23 所示。

设定虚拟机的内存，此内存即为虚拟机所占用的系统内存的大小，可随意修改，建议不要超过系统内存的 1/2。编者的计算机内存为 4GB，为了能够设置安装多台虚拟机，所以系统的内存设置为 1024MB，如图 2.24 所示。选择了内存的大小之后还要根据自己的需要为虚拟机创建一块虚拟硬盘。选中"现在创建虚拟硬盘"单项按钮，并单击"创建"按钮，这样就创建了一个虚拟硬盘，如图 2.25 所示。

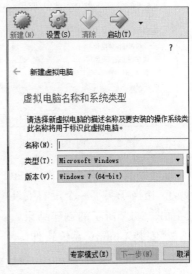

图 2.22　新建虚拟机

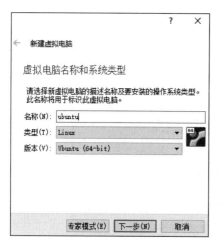

图 2.23　设置虚拟主机

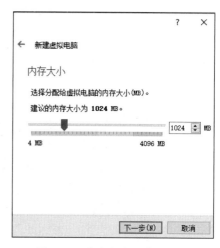

图 2.24　给虚拟主机分配内存

　　选择虚拟硬盘文件类型。选择默认的 VDI(VirtualBox 磁盘映像),并单击"下一步"按钮,如图 2.26 所示。选择"动态扩展"单项按钮,并单击"下一步"按钮。因为分配给虚拟机的内存空间较大,使用时逐渐占用磁盘空间,闲置时自动缩减比较合理,所以选择动态扩展类型。

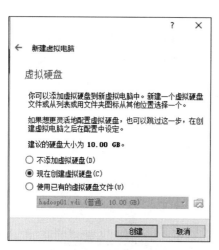

图 2.25　创建虚拟硬盘

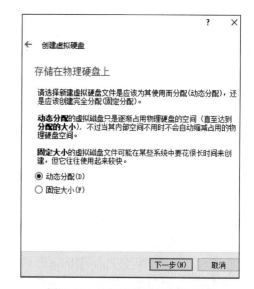

图 2.26　选择虚拟硬盘文件类型

　　通过上面一系列的操作,虚拟机就创建完成了。也就是说,Ubuntu 所需的硬件资源准备好了,相当于买了一个没有安装操作系统的计算机主机,这时候就可以在虚拟机管理界面看到如图 2.27 所示的创建结果。

2. 安装 Ubuntu 系统软件

　　在虚拟机上安装 Ubuntu 和在真实机器上安装没有太大的差别。首先启动刚刚创建好的虚拟主机,在选择启动盘的时候打开下载好的 Ubuntu 映像,如图 2.28 所示。

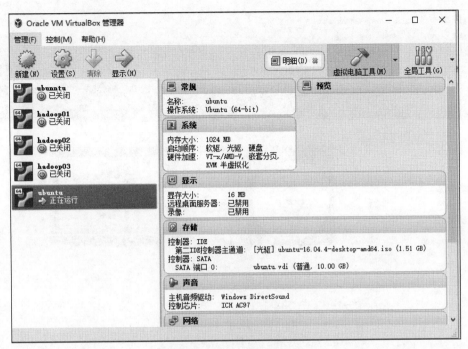

图 2.27　虚拟主机创建完成

图 2.28　选择 Ubuntu 映像

选择好镜像之后接下来就会出现如图 2.29 所示界面。

接下来的安装设置几乎和前面介绍的一样,安装过程可以参考前面的双系统安装。

第
2
章

Linux 安装

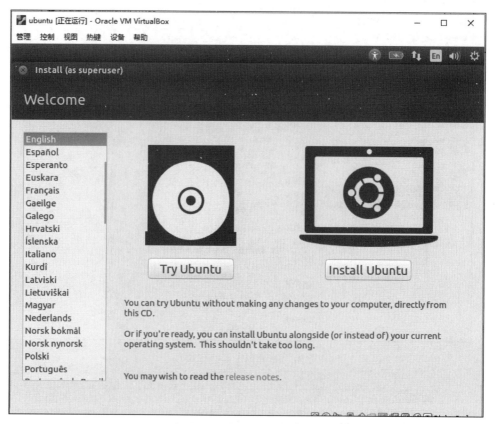

图 2.29　Ubuntu 安装界面

2.3.2　关于虚拟机的一些介绍

1. 两款虚拟机的比较

两款虚拟机 VMware 和 Visual Box 都是主流的虚拟机软件,都能够满足一般用户的需求。但是两者还是有些许的差异,用户可以根据自身的需求来进行选择安装。

(1)占用资源的差异。VM 虚拟机占用的资源比 VB 虚拟机多,在相同的条件下,从两者的运行可以看出 VM 虚拟机比 VB 虚拟机要卡顿一些。

(2)软件体积的不同,一般 VM 虚拟机的大小都在 400MB 以上,而 VB 虚拟机一般只有 100MB 左右,对于现在的用户来说都不算太大。

(3)VB 虚拟机是免费免注册的,而 VM 是需要付费和注册的,不过有试用期,如果不是长时间使用,可以考虑安装 VM 虚拟机。

(4)界面显示不同。从这点来说,VB 虚拟机做得较为人性化,它的每个虚拟机都是从主系统中弹出来的不同窗口,用户可以同时去查看和操作每台虚拟机。而 VM 虚拟机一次只能显示一个虚拟主机的界面,即使同时打开了多台虚拟主机都只能在主界面一个个地单击查看。

(5)VM 虚拟机作为主流且合作伙伴比较多的虚拟机软件,有着很好的软件生态链,对很多软件有着很好的兼容性和支持。VB 虚拟机是以 Oracle 公司作为主导的开放软件,也在对更多的商业公司提供技术支持,但底蕴还不足。不过因其有着开放的特性,相信在不久的将来能支持的功能和软件会越来越多。

从上面两者的比较可以发现,VM 虚拟机作为功能更为强大、支持性更好的虚拟机软件,在需要使用虚拟机解决较为复杂的问题有着更大的优势。即使只作为简单的使用学习,VM 虚拟机在网络上的教程都是 VB 虚拟机所无法比较的。

VB 虚拟机作为后起之秀有着自身的优势,它性价比高且免费开放,对初学者十分友好,虽然网上的教程相对较少,但是对于初学者来说已经足够了。如果坚持要使用 VMware 虚拟机也是完全可以的,如果需要下载 VMware 虚拟机,推荐到 VMware 虚拟机的中文官方网站 http://www.vmware.com/cn/下载。在该网站可以下载最新版的 VMware 虚拟机和其他增强工具。VMware 虚拟机的安装下载也十分便捷,但是需要付费才能真正使用,否则只能试用 1 个月。

2. VB 虚拟机的网络模式

其实不仅是 VB 虚拟机,VM 虚拟机中的网络模式也基本包含下面介绍的几种网络模式,接下来将会介绍常用的几种虚拟机网络模式。在 VB 虚拟机软件中选择设置并选择网络选项,如图 2.30 所示。

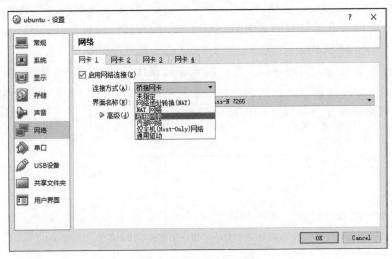

图 2.30　网络模式设置

1）NAT 模式

NAT 模式是实现虚拟机连接网络最为简单的模式,只要物理主机是连接在网络上的,虚拟主机就可以连接到网络上。但是因为虚拟主机访问的数据都是通过物理主机转换而来的,物理主机是无法连接到虚拟主机上的,但是虚拟主机可以通过网络连接到物理主机上。物理主机一般只会选择固定的网段进行转换,即虚拟主机的 IP 地址在特定的网段之内才能访问网络。一般选择该模式时虚拟主机都会被分配一个虚拟的 IP 地址。VB 虚拟机的默认模式就是 NAT 模式。

2）桥接网卡模式

桥接网卡模式下虚拟主机会通过物理主机的网卡连接到网络中去,在真实的网络中拥有独立的 IP 地址。也正是因为如此,它能够和物理主机互相进行网络访问。但是因为是同一张网卡,所以虚拟主机被分配的 IP 地址一般和物理主机是在同一个网段上的。一般通过服务器搭建实现物理主机和虚拟主机的文件共享都是在这种模式下进行的。

3）内网模式

顾名思义,在这种模式下虚拟机内部与外网是断开的,只能实现虚拟机之间的访问。在这种模式下,实现的网络功能有限。

4）Host-only Adapter 模式

这是一种相对复杂的模式,适合有丰富网络知识的人使用。上面介绍的几种模式,在Host-only Adapter 模式下,都可以通过设置虚拟机和网卡来实现其功能。

在 VB 虚拟机软件中可以配置两种网络,一种是 NAT 网络,另一种是 Host-only 网络。两种网络的添加和配置都可以通过在软件界面使用快捷键打开。按 Ctrl＋G 组合键打开全局设定,选择网络一项就可以添加 NAT 网络了,按 Ctrl＋W 组合键就可以打开 Host-only 网络的配置窗口。

3. 虚拟机的克隆

（1）虚拟机完全克隆:每个虚拟机独立拥有一个系统镜像,克隆虚拟机和源虚拟机是两个完全独立的实体。

（2）虚拟机链接克隆:虚拟机公用一个系统镜像,所以大大减少了克隆的时间。多个克隆虚拟机之间的公共部分可以共用同一份内存空间和同一份磁盘空间。但虚拟机必须在源虚拟机存在的情况下才能运行。

两种克隆虚拟机的方式都可以一次性搭建多台操作系统相同的虚拟机,而不需要重复新建一台虚拟机和安装系统。在需要计算机集群基础的应用中经常需要这个功能,在虚拟机软件界面用鼠标选择需要克隆的虚拟机后按 Ctrl＋O 组合键,就会出现如图 2.31 所示界面。

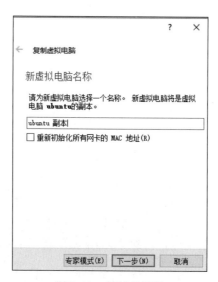

图 2.31　复制虚拟机

修改虚拟机的名称之后就可以进行下一步,选择复制的方式了,具体如图 2.32 所示。选择好复制方式之后就可以进行复制了,复制时间会根据复制的方式有所差异。

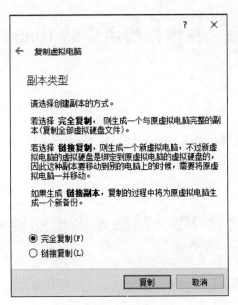

图 2.32　选择复制方式

小　　结

本章介绍了 Linux 的安装方法,并对双系统中 Ubuntu 16.04 的安装过程进行了讲解,也对虚拟机中系统的安装过程以及虚拟机的使用方法做了介绍。

习　　题

1. 若一台计算机的内存为 128MB,则交换分区的大小通常是(　　)。

A. 64MB　　　　　　 B. 128MB　　　　　 C. 256MB　　　　　 D. 512MB

2. 在创建 Linux 安装分区时,必须要创建的两个分区是(　　)。

A. root 和 swap　　　　　　　　　　 B. boot 和 ext3

C. ext3 和 swap　　　　　　　　　　 D. ext2 和 swap

3. 为了把新建的文件系统安装到系统的目录中,需要指定该文件系统在整个目录结构中的位置,这个位置被称为(　　)。

A. 子目录　　　　　 B. 挂载点　　　　　 C. 新分区　　　　　 D. 目录树

4. 下面哪个文件系统应该分配最大的空间?(　　)

A. /usr　　　　　　 B. /lib　　　　　　 C. /root　　　　　 D. /bin

5. 简述 Linux 的安装方式和安装类型。

6. 在 VMware 中安装 Ubuntu 16.04 并录制安装过程。

7. 虚拟机的快照有什么作用?

8. 上机练习:对 Linux 的安装方式进行熟悉和巩固,掌握常用的两种安装方式。

实验 2-1　在虚拟机中安装 Ubuntu 16.04

1. 实验目的

熟悉在虚拟机 VMware 中安装 Ubuntu 16.04。

2. 实验内容

（1）安装虚拟机 VMware 8.0。

（2）为安装 Ubuntu 16.04 创建虚拟机。

（3）在虚拟机中安装 Ubuntu 16.04。

实验 2-2　熟悉虚拟机的使用

1. 实验目的

熟悉在虚拟机中 VMware 的使用，掌握 VMware 的使用技巧。

2. 实验内容

（1）安装虚拟机 VMtools 工具。

（2）创建一个快照，并使用它快速恢复系统。

第3章 图形界面与字符界面

本章学习目标

- 了解 Ubuntu 系统的两种主流图形界面。
- 熟悉 Unity 桌面环境和 GNOME 桌面环境。
- 熟悉图形界面的常用软件。
- 掌握 Putty 远程登录的方法。

本章介绍 Ubuntu 操作系统的简单使用方法,包括主流的 Unity 桌面环境、GNOME3 桌面环境的结构,同时介绍登录字符界面的 3 种终端以及使用 Putty 远程登录的过程。

3.1 Unity 桌面环境

3.1.1 Unity 概述

Ubuntu 在 2010 年 5 月为双启动、即时启动市场推出一款新的桌面环境,即 Unity 桌面环境。它是轻量级笔记本电脑界面。最先应用在 Ubuntu 10.10 的上网笔记本电脑上。在 Unity 中,首先,底部面板被移到了屏幕左侧,用于启动和切换应用程序,大大节省了垂直空间,并有效利用了水平空间;其次,移到左侧后的控制面板为触控操作进行了优化,不仅扩大了其尺寸,还为应用程序提供了大图标,Unity 控制台可以显示哪些应用程序正在运行,并支持应用程序间的快速切换和拖曳;最后,顶部的控制栏也更加智能化,采用了一个单独的全局菜单键。

2010 年 10 月,Unity 做了更多改进,增加了支持搜索的 Dash,并且成为 Ubuntu 10.10 Netbook Edition 的默认桌面。Ubuntu 在发布 12.04 版本时,首次在 LTS 上采用 Unity 作为默认桌面环境,并且一直沿用至今。

3.1.2 Unity 桌面介绍

系统启动后出现登录界面,如图 3.1 所示。在登录界面上能够看到当前可以登录系统的用户,还可以选择登录之后的桌面环境。Ubuntu 在这里直接单击用户账户 test,然后输入密码,按回车键即可进入系统界面。

Unity 环境打破了传统的 GNOME 面板配置。最左侧部分是一条纵向的快速启动条,即 Launcher。快速启动条上的图标有 3 类:系统强制放置的功能图标,用户自定义放置的常用程序图标,以及正在运行中的应用程序图标,如图 3.2 所示。

图 3.1　登录界面

图 3.2　Unity 环境

　　程序图标的左右两侧可以附加小三角形指示标志。正在运行的程序图标会在左侧有小三角形指示，如果正在运行的程序包括多个窗口，则小三角形的数量也会随之变化。而当前的活动窗口所属的程序，则同时还会在图标右侧显示一个小三角形进行指示。桌面顶端的顶面板则由应用程序 Indicator、窗口 Indicator 以及活动窗口的菜单栏组成。

　　快速启动条的左上角是 Search your computer 图标，Search your computer 是 Unity 的应用管理和文件管理界面。Search your computer 界面的下方是一行 Lens 图标，单击图标可以切换到对应的标签页，每个标签页致力于满足用户的一类特定需求。Search your computer 界面的基本结构如图 3.3 所示。

　　Search your computer 在首页上显示最近使用的应用、打开的文件和下载的内容，而其后的各个 Lens 则分别满足各项特定的需求，默认的 Lens 有软件（应用程序管理）、文件（文

图 3.3　Search your computer 界面

件管理)、音乐(音乐管理)和视频(视频管理)。每个 Lens 都可以对相关的内容进行搜索、展示和分类过滤。例如,用户在文件管理中输入 libre 时,系统就已经把 LibreOffice 的几个快捷方式列出来了。此外,用户还可以自行添加 Lens 来满足特定的需求。例如,社交网络 Lens 可以快速地搜索、显示和过滤社交网络信息。

　　Dash 图标下面是用户主目录图标,在这里首先看到的是用户主目录中包含的目录和文件,而且可以方便地切换到其他目录,比如切换到移动设备、切换到文件系统等,如图 3.4 所示。

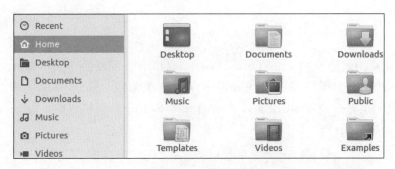

图 3.4　主目录

　　用户主目录下面的图标是 Firefox 浏览器。Firefox 是 Ubuntu 默认的浏览器,如图 3.5 所示。

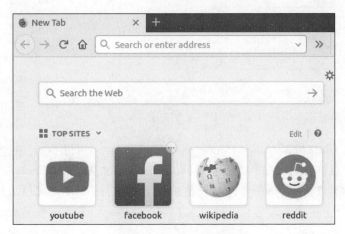

图 3.5　Firefox 浏览器

　　在桌面左侧的应用栏中，Firefox 浏览器图标下面的 3 个图标分别是 LibreOffice Writer 图标、LibreOffice Calc 图标、LibreOffice Impress 图标，如图 3.6～图 3.8 所示。

　　LibreOffice 是一套自由的、可与其他主要办公室软件相容的软件，它可以在 Windows、Linux、Macintosh 平台上运行。LibreOffice 软件共有 6 个应用程序，包括 Writer、Calc、Impress、Draw、Math、Base，分别用于处理文本文档、电子表格、演示文稿、公式、绘图和资料库。LibreOffice 拥有强大的数据导入和导出功能，能直接导入 PDF 文档、微软 Works、Lotus Word，支持主要的 OpenXML 格式。

图 3.6　LibreOffice Writer

　　其实可以很明显地看到 LibreOffice Writer 就相当于常用的 Word 编辑文档软件，在 LibreOffice Writer 中可以像使用 Word 一样来操作文档，LibreOffice Calc、LibreOffice Impress 则分别类似办公常用的 Excel 表格编辑软件和 PPT 制作软件。Linux 既然是一个开源实用的操作系统，那么自然配备了优秀的办公常用的软件。

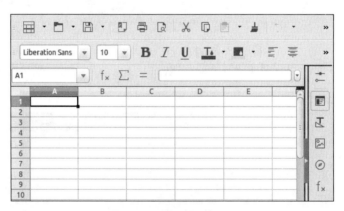

图 3.7　LibreOffice Calc

　　接下来的是 Ubuntu Software Center 图标，即 Ubuntu 软件中心。通过 Ubuntu 软件中心能够安装和卸载许多流行软件包；也可以通过关键字来搜索想安装的软件包；或通过浏览给出的软件分类，选择应用程序。如果是未安装的软件，可以直接单击软件名称右边的 Install 按钮，开始安装软件。在 Ubuntu 16.04 中，软件中心下方新增了推荐功能，如图 3.9 所示。

　　接下来的是 System Settings 图标。在系统设置中，可以对从桌面外观到语言支持，再到系统硬件管理来进行设置，如图 3.10 所示。

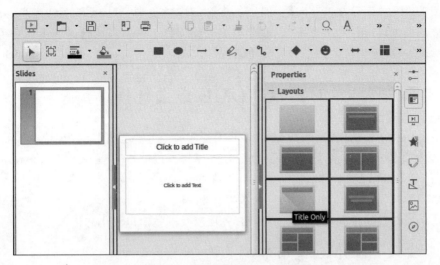

图 3.8　LibreOffice Impress

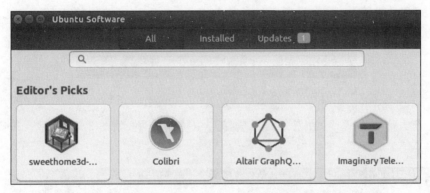

图 3.9　Ubuntu Software Center

图 3.10　System Settings

通过右上角的某个图标可以完成相应的功能,比如网络参数调整、时间调整、音量调整、切换用户、关机、重启等操作。

虽然 Unity 界面存在一些问题,但经过多个版本的更新,Unity 界面已逐步走向成熟。对于日常的操作,Unity 已足够稳定,也足够完整。而且 Unity 界面已经逐步形成了自己的特色,拥有了一部分独特的细节和创新功能。

3.2 GNOME 桌面环境

使用 Linux 系统的用户,可以随时改变图形界面,这就是所谓的"集成式桌面环境"。GNOME 桌面是 Linux 系统的一大主流桌面环境。GNOME 是 GNU Network Object Model Environment 的缩写,也属于 GNU 计划的一部分。

在 GNOME 桌面环境中,鼠标的基本操作和 Windows 相同,包括单击、双击和右击。窗口的基本操作包括最大化、最小化、移动、置顶以及调整窗口大小和位置等。

3.2.1 安装 GNOME 桌面环境

Ubuntu 16.04 默认采用 Unity 界面,如果需要使用 GNOME 桌面环境,需手动进行安装。安装过程非常简单,首先设置系统的网络参数,使系统能够连接互联网,然后执行如图 3.11 所示的命令。

```
test@ubuntu:~$ sudo apt-get install gnome-shell
```

图 3.11　安装 GNOME 桌面

安装成功后,注销系统,在登录界面选择 GNOME 选项,如图 3.12 所示。进入系统后就是 GNOME3 桌面了。

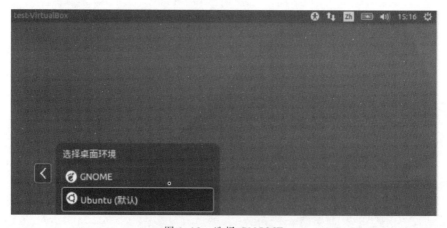

图 3.12　选择 GNOME

3.2.2 GNOME3 桌面环境介绍

GNOME 是一个集成式的桌面环境。GNOME 的版本不同,操作界面的组成可能稍有区别,GNOME3 的界面如图 3.13 所示。GNOME3 桌面包含以下几个部分:面板、桌面以及一系列的标准桌面工具和应用程序。

图 3.13　GNOME3 桌面

通过左上角的 Activities 菜单,可以浏览和运行系统自带的一些程序,如图 3.14 所示。

图 3.14　Activities 菜单

通过桌面右上角的小三角图标,可以查看到当下系统的用户名、电源和网络的连接状态,也可以通过这个方式重启和关闭系统。具体如图 3.15 所示。

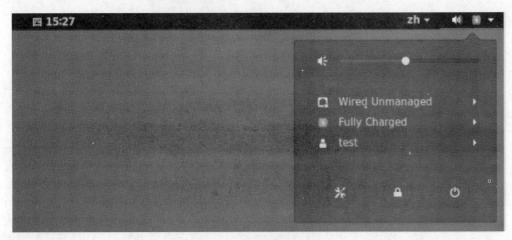

图 3.15　基础信息菜单

第
3
章

图形界面与字符界面

通过右上角的几个图标,可以完成相应的功能,比如网络参数调整、音量调整、切换用户、关机、重启等操作。如果用户需要,还可以切换到另一个账号。GNOME 项目专注于桌面环境本身,由于软件较少、运行速度快、稳定性出色,而且完全遵循 GPL 许可,它赢得了重量级厂商的支持。从当前的情况来看,GNOME 桌面已经成为多数企业发行版的默认桌面。

3.3　图形界面软件更新

3.3.1　软件更新

Ubuntu 系统有很多软件需要更新和升级,升级过程十分方便,只要系统能够连接互联网,在 Unity 环境中,就可以单击 Search your computer 并输入"update"找到更新的应用程序,如图 3.16 所示。

图 3.16　更新应用程序图标

单击图 3.16 中查询到的第一个图标,就会查询到当下系统是否需要进行系统更新。如果使用的系统并不是最新的发行版,那么就会检测到新的系统,如图 3.17 所示。

图 3.17　查询是否要更新

如果检测到了更新版本的系统,可单击 Install Now 按钮进行更新。更新完成后重启系统即可,如图 3.18 所示。

图 3.18　需要更新的内容

3.3.2　修改更新源

在更新软件过程中,系统会从相应的网站自动下载所需的软件,这些网站就是更新源。更新源有很多,比如阿里云源、电子科技大学源、北京理工大学源等,有的更新源的速度会快些,比如阿里云 Ubuntu 16.04 源,这就需要重新设置更新源。首先单击图 3.18 中的 Settings 按钮,弹出软件源对话框,如图 3.19 所示。

图 3.19　软件源

在软件源对话框中选择 Ubuntu Software 选项卡,然后在 Download from 下拉列表中选择 Other 选项,弹出 Choose a Download Server 对话框,如图 3.20 所示。

图 3.20　Choose a Download Server 对话框

单击右侧的 Select Best Server 按钮,检测当前可用的软件源服务器,在列表中选择阿里云的服务器,如图 3.21 所示。单击 Choose Server 按钮,如图 3.22 所示。

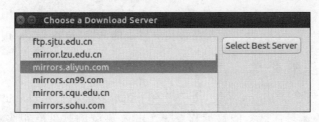

图 3.21　选择阿里云源

第 3 章

图形界面与字符界面

图 3.22　网易源设置完成

3.4　字　符　界　面

字符界面与图形界面相对,也是一种操作系统的输入和输出界面。在 Linux、UNIX 操作系统中,字符界面的命令行具有占用系统资源少、性能稳定并且非常安全等特点,仍在发挥着重要作用,特别是在服务器领域,一直有广泛的应用。在字符界面中,使用命令行登录系统,利用命令行对系统进行各种配置,但是需使用专用的工具和软件。下面介绍两种常用的命令行登录软件。

3.4.1　终　端

Ubuntu 16.04 操作系统提供了 Terminal、UXTerm、XTerm3 种终端,如图 3.23 所示。

图 3.23　3 种终端

这 3 种终端都可以实现命令行的输入,各有特点。其中,Terminal 支持中文较好,是一个多语言的 X 终端模拟器,支持标签打开; XTerm 的历史比较久,功能很齐全,但对中文的支持不是很好。UXTerm 是 XTerm 的一个 Shell 包装,完全可直接只用 XTerm。下面以 Terminal 为例,打开 Terminal,并输入查看/etc 目录的命令"ls /etc/",如图 3.24 所示。

3.4.2　Putty 远程登录

有时需要从远程登录 Linux 系统,由于没有了图形界面的显示,Linux 系统会节省很多资源,提高了系统的运行速度。能够远程登录 Linux 系统的软件有很多种,有命令行方式的,也有图形界面的。下面以命令行方式的 Putty 为例,介绍如何远程登录 Linux 系统。

```
dnsmasq.d            libaudit.conf       rc0.d              usb_modeswitch.d
doc-base             libnl-3             rc1.d              vim
dpkg                 libpaper.d          rc2.d              vtrgb
drirc                libreoffice         rc3.d              wgetrc
emacs                lightdm             rc4.d              wpa_supplicant
environment          lintianrc           rc5.d              X11
firefox              locale.alias        rc6.d              xdg
fonts                locale.gen          rc.local           xml
fstab                localtime           rcS.d              zsh_command_not_found
test@ubuntu:~$
```

图 3.24　Terminal 命令界面

1. 在 Ubuntu 16.04 中安装 openssh-server

由于 Ubuntu 系统没有安装远程连接的服务器端软件 openssh-server,所以需要手动安装。在保证 Ubuntu 系统能够连接互联网的前提下,命令执行过程如图 3.25 所示。

```
test@test-VirtualBox:~$ sudo apt-get install openssh-server
[sudo] password for test:
Reading package lists... Done
Building dependency tree
Reading state information... Done
```

图 3.25　安装 openssh-server

安装完成后,使用以下命令确认 ssh-server 已经启动,命令执行过程如图 3.26 所示。

```
test@test-VirtualBox:~$ netstat -tl
Active Internet connections (only servers)
Proto Recv-Q Send-Q Local Address          Foreign Address
      State
tcp        0      0 *:ssh                   *:*
      LISTEN
tcp        0      0 localhost:ipp           *:*
      LISTEN
tcp6       0      0 [::]:ssh                [::]:*
      LISTEN
tcp6       0      0 ip6-localhost:ipp       [::]:*
```

图 3.26　确认 ssh-server 已经启动

2. 配置客户端和 Ubuntu 系统的 IP 地址

Ubuntu 系统的 IP 地址配置为 10.0.2.129,客户端的 IP 地址配置为 192.168.0.1,并使用 Ping 命令测试是否连通。

3. 配置 Putty

在客户端打开 Putty 软件,并配置主机名(或 IP 地址)、端口号(默认为 22),如图 3.27 所示。

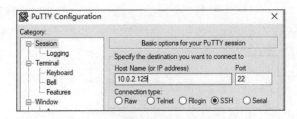

图 3.27　配置 Putty 连接

连接成功后,还可以在左侧的 Window 下的 Colours 中设置使用者喜欢的背景和字体颜色,如图 3.28 所示。

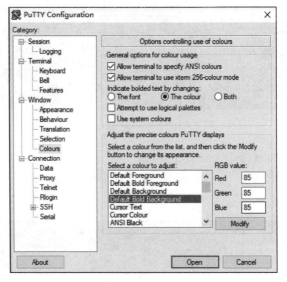

图 3.28　配置 Putty 选项

3.5　字符界面软件安装

软件的安装与系统升级是使用操作系统的基本任务,Ubuntu 操作系统对软件包中文件的安装和管理维护使用 APT 管理软件和 dpkg 命令。

3.5.1　APT 管理软件

Linux 系统最初只有.tar.gz 的打包文件,用户必须编译每个所需的软件。对于用户,一方面需要一个快速、实用、高效的方法来安装软件包;另一方面,当软件包更新时,这个工具应该能自动管理关联文件和维护已有配置文件。使用 APT 就解决了这个问题,APT 是 Advanced Packaging Tool 的缩写,即高级包管理工具。

使用 APT 时,只需保证系统能够连接互联网即可。下面介绍常用 APT 类的命令。

1. 软件的安装

♯ sudo apt-get install 软件包名

2. 软件的移除

♯ sudo apt-get remove 软件包名

3. 软件的升级

♯ sudo apt-get update

♯ sudo apt-get upgrade

4. 搜索软件包

♯ sudo apt-cache search 软件包名

5. 显示该软件包的依赖信息

♯ sudo apt-cache depends 软件包名

3.5.2　dpkg 命令

APT 可实现对软件包文件自动操作。APT 实质上是调用 dpkg 命令进行操作的,如果需要手动安装就需要使用 dpkg 命令。例如,要安装软件源中不存在的 .deb 软件包或者本机网速很慢时,只能从其他机器复制 .deb 包,使用 dpkg 命令手动安装。

1. 安装 deb 包

♯sudo dpkg -i deb 软件包名

2. 列出系统所有安装的软件包

♯ sudo dpkg -l

3. 列出软件包详细的状态信息

♯ sudo dpkg -s 软件包名

4. 列出属于软件包的文件

♯ sudo dpkg -L 软件包名

小　　结

Ubuntu 系统的图形界面很漂亮,也很实用。本章对 Ubuntu 的两种主流界面的桌面环境和常用软件做了介绍。同时对字符界面以及登录字符界面的方式做了介绍。

习　　题

1. 要设置 GNOME 面板,可用鼠标右击面板的空白处,在打开的快捷菜单中单击 (　　)选项。

　　A. 设置面板　　　　　　　　　　B. 新建面板

　　C. 首选项　　　　　　　　　　　D. 属性

2. Ubuntu 系统的主流桌面有哪些?

3. Unity 桌面和 GNOME 桌面各有哪些特点?

4. Unity 桌面中 Dash 有什么功能?

5. 远程登录 Linux 系统的软件有哪些?

6. 如何使用 Putty 远程登录 Ubuntu 16.04 系统? 如何修改背景颜色、字体颜色?

7. 上机练习:对 Ubuntu 16.04 系统的两种主流桌面环境布局进行熟悉,并掌握远程登录 Linux 系统的方法。

实验 3-1　Ubuntu 16.04 的 Unity 桌面

1. 实验目的

熟悉 Unity 桌面的环境布局,以及各种常用功能的使用。

2. 实验内容

(1) 熟悉 Unity 桌面的环境布局。

（2）熟悉 Dash 的使用。

（3）熟悉常用软件的功能及使用。

（4）熟悉常用的系统设置功能。

实验 3-2　Putty 远程登录 Ubuntu 16.04

1. 实验目的

熟悉 Putty 远程登录 Ubuntu 以及 Putty 的设置。

2. 实验内容

（1）使用 Putty 远程登录 Ubuntu。

（2）在 Putty 中设置背景颜色。

（3）在 Putty 中设置字体、字的大小以及字的颜色。

第4章 Linux 文件管理

本章学习目标

- 了解 Linux 的文件系统结构。
- 掌握常用文件管理命令的使用方法。
- 掌握常用目录管理命令的使用方法。

文件和目录管理是 Linux 系统运行维护的基础工作,本章将对 Linux 文件与目录的基本知识以及文件管理操作中的一些重要或常见的命令做详细的介绍。

4.1 Linux 文件系统概述

内核是 Linux 的核心,但文件是用户与操作系统交互所采用的主要工具。文件系统作为操作系统的一部分,和用户的交互最为密切。在 Linux 系统下,用户的数据和程序也是以文件的形式保存的,所以在使用 Linux 的过程中,经常要对文件与目录进行操作。

4.1.1 文件系统概念

文件系统是 Linux 操作系统的重要组成部分,用于对磁盘进行存储管理及输入、输出。文件系统中的文件是数据的集合,文件系统不仅包含着文件中的数据,而且还有文件系统的结构,所有 Linux 用户和程序看到的文件、目录、软连接及文件保护信息等都存储在其中。它向用户提供了一致的、友好的访问接口,屏蔽了对物理设备的操作细节。Linux 支持多个物理设备,而每个设备上又可以划分成一个或多个文件系统。每个文件系统由逻辑上的功能块组成,这些功能块包括引导块、超级块、节点块、数据块等。

4.1.2 文件与目录的定义

Linux 操作系统中,以文件来表示所有的逻辑实体与非逻辑实体。逻辑实体指文件与目录;非逻辑实体则泛指硬盘、终端机、打印机等。一般而言,Linux 文件名称由字母、标点符号、数字等构成,中间不能有空格符、路径名称符号"/"或"#、*、%、&、{}、[]"等与 Shell 有关的特殊字符。

Linux 文件系统中,结构上以根文件系统最为重要,所谓根文件系统,是指开机时将 root partition 挂载在根目录(/),若无法挂载根目录,开机时就无法进入 Linux 系统中。根目录下有/etc、/dev、/boot、/home、/lib、/lost＋found、/mnt、/opt、/proc、/root、/bin、/sbin、/tmp、

/var、/usr 等重要目录。

1. /etc

本目录下存放着许多系统所需的重要配置与管理文件,有一些为纯文档,有一些是.conf 文件,还有一些自成单一目录。当然,有些配置文件会存放在其他目录中,例如,.bashrc、.bash_profile 等文件,单个用户的系统配置文件,会保存在用户自己的主目录中。通常在修改过/etc 目录下的配置文件内容之后,只需重新启动相关服务,一般不用重启系统。

2. /dev

本目录中存放了 device file(设备文件),使用者可以经由内核来存取系统中的硬件设备,当使用设备文件时内核会辨识出输入、输出请求,并传递到相对应装置的驱动程序以便完成特定的动作。每个设备在/dev 目录下均有一个相对应的项目。/dev 目录下还有一些项目是没有的装置,这通常是在安装系统时所建立的,它不一定对应到实体的硬件装置。此外,还有一些虚拟的装置,不对应到任何实体装置,例如,空设备的/dev/null,任何写入该设备的请求均会被执行,但被写入的资料均会如进入空设备般消失。

3. /boot

本目录下存放了与系统启动相关的文件,例如,initrd.img、vmlinuz、System.map,均为重要的文件,所以本目录不可任意删除。initrd.img 为系统启动时最先加载的文件。vmlinuz 为内核的 image 文件。System.map 包括内核的功能及位置。top、ps 指令会去读此文件来显示系统目前的信息状态。因此 System.map 必须对应到相同的内核,不然会显示错误的信息。

4. /home

一般而言,登录用户的主目录($ HOME)就放在/home 这个目录下,以用户的名称作为/home 目录下各个子目录的名称。例如,用户 col 的主目录路径即为/home/col,当用户 col 登录时,其所在的默认目录即为/home/col。

5. /lib

本目录存放许多系统启动时所需要的重要的共享函数库,包含最重要的 GNU C library 在内,文件名为 library.so.version 的共享函数库,通常放在/lib 目录下。

6. /usr/lib

本目录存放一些应用程序的共享函数库,例如,Netscape、X server 等。其中,最重要的函数库为 libc 或 glibc(glibc 2.x 便是 libc 6.x 版本,标准 C 语言函数库)。几乎所有程序都会用到 libc 或 glibc,因为这两个程序提供了对于 Linux 核心的标准接口。还有文件名为 library.a 的静态函数库,也放在/usr/lib 目录下。

7. /mnt

本目录是系统默认的挂载点,默认有/mnt/cdrom 和/mnt/floppy。使用自动挂载程序,例如,KDE 桌面上的 cdrom 与 floppy 或者 GNOME 的 Drive Mount Applet,可以自动将光驱和软驱分别挂载到这两个目录。如果要挂载额外的文件系统到/mnt 目录,需要在该目录下建立任一目录作为挂载目录。

8. /proc

本目录为一个虚拟的文件系统,它不占用任何硬盘空间,因为该目录下的文件均放置于内存中；每当存取/proc 文件系统时，内核会拦截存取动作并获取相关信息再动态地产生目录与文件内容。/proc 会记录系统正在运行的进程、硬件状态、内存使用的多少等信息。

9. /root

本目录为系统管理用户 root 的主目录。

10. /bin

本目录主要存放一些系统启动时所需要的普通程序和系统程序，很多程序在启动后也很有用，它们放在这个目录下是因为经常被其他程序调用。例如，cat、cp、chmod df、dmesg、gzip、kill、ls、mkdir、more、mount、rm、su、tar 等程序。

11. /tmp

本目录存放系统启动时产生的临时文件。有时某些应用程序执行中产生的临时文件也会暂放至此目录。

12. /var

本目录存放被系统修改过的数据。在这个目录下有几个重要的目录，例如，/var/log、/var/spool、/var/run 等，它们分别用于存放记录文件、新闻邮件、运行时信息。

4.1.3　Linux 的文件结构、类型、属性

1. Linux 的文件结构

文件结构是文件存放在磁盘等存储设备上的组织方法，主要体现在对文件和目录的组织上。目录提供了管理文件的一个方便而有效的途径。Linux 使用标准的目录结构，在安装的时候，安装程序就已经为用户创建了文件系统和完整而固定的目录组成形式，并指定了每个目录的作用和其中的文件类型。

Linux 采用的是树形结构。最上层是根目录，其他的所有目录都是从根目录出发而生成的。微软的 DOS 和 Windows 也是采用树形结构，但是在 DOS 和 Windows 中这样的树形结构的根是磁盘分区的盘符，有几个分区就有几个树形结构，它们之间的关系是并列的。但是在 Linux 中，无论操作系统管理几个磁盘分区，这样的目录树只有一个。从结构上讲，各个磁盘分区上的树形目录不一定是并列的。因为 Linux 是一个多用户系统，制定一个固定的目录规划有助于对系统文件和不同的用户文件进行统一管理。

2. Linux 主要文件类型

在 Linux 系统中，主要根据文件头信息来判断文件类型，Linux 系统的文件类型有以下几种。

1）普通文件

普通文件就是用户通常访问的文件，在由 ls -l 命令显示出来的属性中，第一个属性为"-"，如图 4.1 所示，aaa 就是一个普通文件。

图 4.1　文件属性

2）纯文本文件

普通文件中，有些文件内容可以直接读取，如文本文件，文件的内容一般是字母、数字以

51

第4章

Linux 文件管理

及一些符号等，可以使用 cat、vi 命令直接查看文件内容。有些文件是为系统准备的，如二进制文件、可执行的文件就是这种格式，cat 命令就是二进制文件。还有些文件是为运行中的程序准备的，如数据格式的文件，Linux 用户在登录系统时，会将登录数据记录在/var/log/wtmp 文件内，这个文件就是一个数据文件。

3）目录文件

目录文件就是目录，相当于 Windows 中的文件夹。在由 ls -l 命令显示出来的属性中，第一个属性为“d”，如图 4.2 所示，Desktop、Documents 就是目录文件。

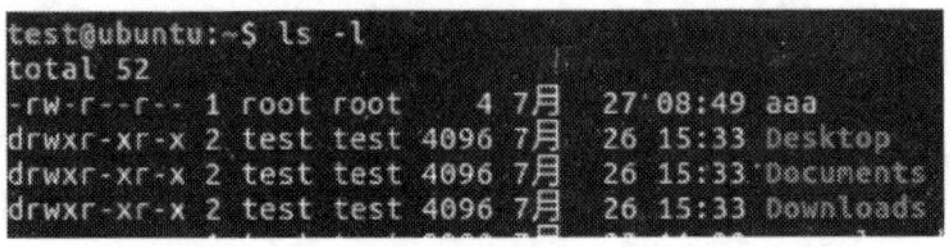

```
test@ubuntu:~$ ls -l
total 52
-rw-r--r-- 1 root root    4 7月  27 08:49 aaa
drwxr-xr-x 2 test test 4096 7月  26 15:33 Desktop
drwxr-xr-x 2 test test 4096 7月  26 15:33 Documents
drwxr-xr-x 2 test test 4096 7月  26 15:33 Downloads
```

图 4.2　目录文件

4）链接文件

符号链接相当于 Windows 中的快捷方式。在由 ls -l 命令显示出来的属性中，第一个属性用“l”表示。在 Linux 中有两种链接方式：符号链接和硬链接。如图 4.3 所示，属性中第一列用“l”表示的文件为符号链接文件。

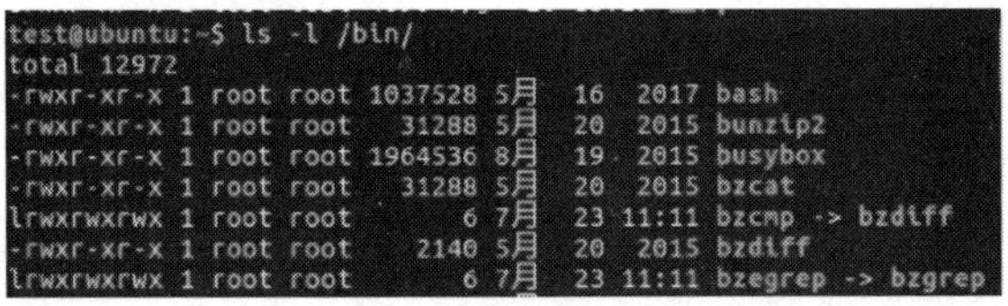

```
test@ubuntu:~$ ls -l /bin/
total 12972
-rwxr-xr-x 1 root root 1037528 5月  16  2017 bash
-rwxr-xr-x 1 root root   31288 5月  20  2015 bunzip2
-rwxr-xr-x 1 root root 1964536 8月  19  2015 busybox
-rwxr-xr-x 1 root root   31288 5月  20  2015 bzcat
lrwxrwxrwx 1 root root       6 7月  23 11:11 bzcmp -> bzdiff
-rwxr-xr-x 1 root root    2140 5月  20  2015 bzdiff
lrwxrwxrwx 1 root root       6 7月  23 11:11 bzegrep -> bzgrep
```

图 4.3　链接文件

5）设备文件

设备文件是 Linux 系统中最特殊的文件。Linux 系统为外部设备提供一种标准接口，将外部设备视为一种特殊的文件，即设备文件。它能够在系统设备初始化时动态地在/dev 目录下创建好各种设备的文件节点，在设备卸载后自动删除/dev 下对应的文件节点。在编写设备驱动的时候，不必再为设备指定主设备号，在设备注册时用 0 来动态获取可用的主设备号，然后在驱动中来实现创建和销毁设备文件。

在 Linux 系统中，设备文件分为字符设备文件和块设备文件。字符设备文件是指设备发送和接收数据以字符的形式进行；而块设备文件则以整个数据缓冲区的形式进行。在由 ls -l /dev 命令显示出来的属性中，当设备文件的第一个属性是“b”时，对应块设备文件；第一个属性是“c”时，对应字符设备文件，如图 4.4 所示。

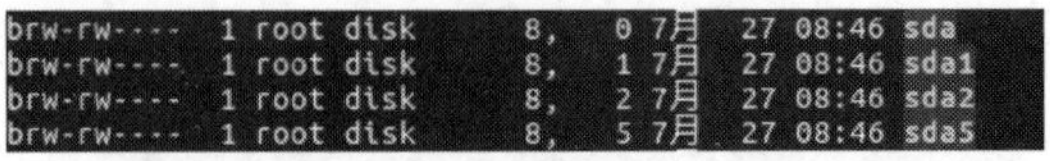

```
brw-rw----  1 root disk      8,   0 7月  27 08:46 sda
brw-rw----  1 root disk      8,   1 7月  27 08:46 sda1
brw-rw----  1 root disk      8,   2 7月  27 08:46 sda2
brw-rw----  1 root disk      8,   5 7月  27 08:46 sda5
```

图 4.4　设备文件

6）套接字文件

套接字文件通常用于网络数据连接。在由 ls -l 命令显示出来的属性中，套接字文件的第一个属性用“s”表示。如图 4.5 所示，snapd. socket 就是一个套接字文件。

图 4.5 套接字文件

7）管道文件

管道文件主要用来解决多个程序同时访问一个文件所造成的错误。在由 ls -l 命令显示出来的属性中，管道文件的第一个属性用"p"表示。

3. Linux 文件属性

对于 Linux 系统的文件来说，其基本的文件属性有 3 种：读（r/4）、写（w/2）、执行（x/1）。不同的用户对于文件也拥有不同的读、写和执行权限。

（1）读权限：表示具有读取目录结构的权限，可以查看和阅读文件。

（2）写权限：可以新建、删除、重命名、移动目录或文件（不过写权限受父目录权限控制）。

（3）执行权限：文件拥有执行权限。才可以运行，比如二进制文件和脚本文件。目录文件要有执行权限才可以进入。

4.2　Linux 文件操作命令

Linux 命令是对 Linux 系统进行管理的命令。对于 Linux 系统来说，无论是中央处理器、内存、磁盘驱动器、键盘、鼠标，还是用户等都是文件。文件操作的命令是 Linux 系统正常运行的核心。

Linux 对系统中的各个命令提供了详细的帮助文档，可以使用"man［命令名］"来查询。例如，"man ls"，将显示"ls"命令的具体说明。按照各个命令完成的功能，可以将 Linux 文件操作命令进行如下分类。

（1）显示文件内容命令：cat、more、echo。

（2）显示目录内容及更改目录命令：ls、pwd、cd。

（3）建立、删除文件命令：touch、rm。

（4）建立、删除目录命令：mkdir、rmdir。

（5）复制、移动命令：cp、mv。

（6）压缩备份命令：tar、gzip、gunzip。

（7）权限管理命令：chmod、chown、chgrp。

（8）文件搜索命令：whereis、find、locate、which。

4.2.1　显示文件内容命令

1. echo 命令

功能描述：输出字符串到标准输出。

语法：

echo［文件名］

2. cat 命令

功能描述：用来串接文件或显示文件的内容，也可以从标准输入设备读取数据并将其结果重定向到一个新的文件中，达到建立新文件的目的。

语法：

```
cat [选项][文件名]
```

选项：cat 命令中的常用选项如表 4.1 所示。

表 4.1　cat 命令常用选项

选　　项	作　　用
-n 或-number	由 1 开始对所有输出的行数编号
-b	和-n 相似，只不过对于空白行不编号
-s	当遇到有连续两行以上的空白行时，就代换一行的空白行

范例：

查看/etc/network/interfaces 文件的内容，并对所有输出行编号。命令执行过程和结果如图 4.6 所示。

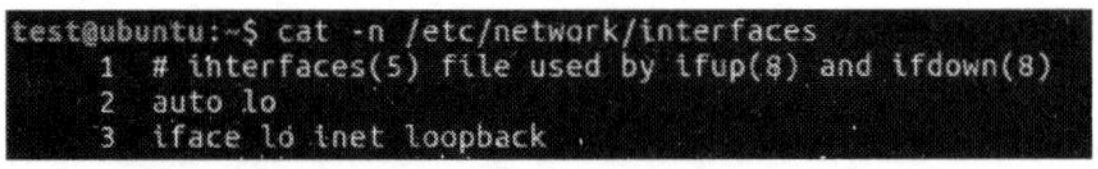

```
test@ubuntu:~$ cat -n /etc/network/interfaces
     1  # interfaces(5) file used by ifup(8) and ifdown(8)
     2  auto lo
     3  iface lo inet loopback
```

图 4.6　查看文件内容并对所有行编号

将/etc/network/interfaces 文件的内容加上行号，输入到 file 文件。命令执行过程和结果如图 4.7 所示。

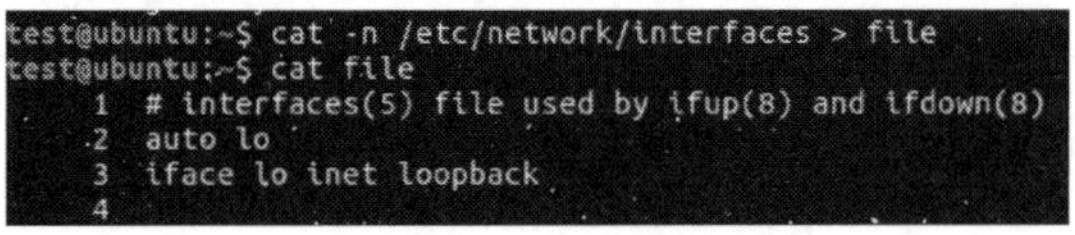

```
test@ubuntu:~$ cat -n /etc/network/interfaces > file
test@ubuntu:~$ cat file
     1  # interfaces(5) file used by ifup(8) and ifdown(8)
     2  auto lo
     3  iface lo inet loopback
     4
```

图 4.7　追加文件

3. more 命令

功能描述：分页显示文件内容，并在终端底部打印出"- -More- -"。系统还将同时显示出文本占全部文本的百分比。

语法：

```
more [文件名]
```

选项：more 命令中的常用选项如表 4.2 所示。

表 4.2　more 命令常用选项

选　　项	作　　用
-f 或〈空格〉	显示下一页
〈回车〉	显示下一行
-q 或-Q	退出 more 命令

4.2.2 显示目录内容及更改目录命令

1. ls 命令

功能描述：列出目录的内容。该命令的功能类似于 DOS 下的 dir 命令。对于目录，ls 命令将列出其中所有的子目录与文件；对于文件，ls 将列出文件名及所要求的其他信息。

语法：

ls [选项][文件或目录]

选项：ls 命令中的常用选项如表 4.3 所示。

表 4.3　ls 命令常用选项

选　　项	作　　用
-a	显示所有文件，包括隐藏文件
-A	显示所有文件，包括隐藏文件，但不列出"."和".."
-F	附加文件类别，符号在文件名最后
-d	如果参数是目录，只显示其名称而不显示其下的各个文件
-t	将文件按照建立时间的先后次序列出
-r	将文件以相反次序显示（默认按英文字母顺序排序）
-R	递归显示目录，若目录下有文件，则以下的文件也会被依序列出

2. pwd 命令

功能描述：显示当前工作目录的路径。

语法：

pwd

范例：显示当前工作目录为/home/test/Music。命令执行过程和结果如图 4.8 所示。

3. cd 命令

功能描述：改变当前工作目录。

语法：

cd[目录]

图 4.8　显示当前工作目录

范例：

回到上一级目录。命令执行过程和结果如图 4.9 所示。

回到用户的宿主目录。命令执行过程和结果如图 4.10 所示。

图 4.9　回到上一级目录　　　　　　　图 4.10　回到用户的宿主目录

切换到根目录。命令执行过程和结果如图 4.11 所示。

切换到目录 etc 下的 init 目录。命令执行过程和结果如图 4.12 所示。

第 4 章

Linux 文件管理

图 4.11　切换到根目录

图 4.12　切换到目录 etc 下的 init.d 目录

上面都是常用的与目录操作相关的命令,只有熟练地掌握了上面的命令才能更有效地切换工作目录。

4.2.3　建立、删除文件命令

1. touch 命令

功能描述: 生成空文件和修改文件存取时间。

语法:

touch [选项][文件名]

选项: touch 命令中的常用选项如表 4.4 所示。

表 4.4　touch 命令常用选项

选　　项	作　　用
-d	以 yyyymmdd 的形式给出要修改的时间

范例:

新建 test 文件。命令执行过程和结果如图 4.13 所示。

图 4.13　新建文件

修改 test 文件的存取时间。命令执行过程和结果如图 4.14 所示。

图 4.14　修改文件存取时间

2. rm 命令

功能描述: 删除一个目录中的一个或多个文件,也可以将某个目录下的所有文件及子目录删除。

语法:

rm [选项][文件或目录]

选项: rm 命令中的常用选项如表 4.5 所示。

表 4.5 rm 命令常用选项

选　　项	作　　用
-i	互动模式,删除前再做一次确认
-r	目录下的所有文件及子目录递归地删除
-f	强制删除

范例:

删除文件前询问是否删除。命令执行过程和结果如图 4.15 所示。

强制删除整个目录。命令执行过程和结果如图 4.16 所示。

图 4.15 互动模式删除文件 　　　　 图 4.16 强制删除文件

4.2.4 建立、删除目录命令

1. mkdir 命令

功能描述:建立目录。

语法:

```
mkdir[选项][目录名]
```

选项:mkdir 命令中的常用选项如表 4.6 所示。

表 4.6 mkdir 命令常用选项

选　　项	作　　用
-p	依次创建目录

范例:

在工作目录下,建立一个名为 c-language 的子目录。命令执行过程和结果如图 4.17 所示。

图 4.17 建立名为 c-language 的子目录

在工作目录下的 bbb 目录中,建立一个名为 test 的子目录。若 bbb 目录原本不存在,则建立一个(注:本例若不加-p,且原本 bbb 目录不存在,则产生错误)。命令执行过程和结果如图 4.18 所示。

2. rmdir 命令

功能描述:删除空目录。

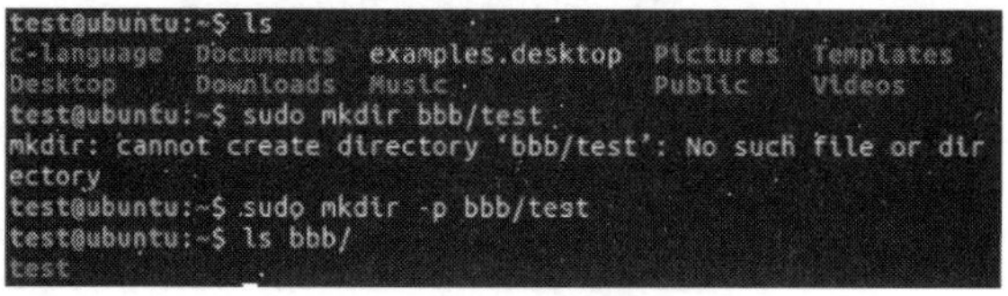

图 4.18　依次创建目录

语法：

rmdir [选项][目录名]

选项：rmdir 命令中的常用选项如表 4.7 所示。

表 4.7　rmdir 命令常用选项

选　　项	作　　用
-p	当子目录被删除后其父目录为空目录时,也一同被删除

范例：

将工作目录下名为 c-language 的子目录删除。命令执行过程和结果如图 4.19 所示。

在工作目录下的 bbb 目录中,删除名为 test 的子目录。若 test 删除后,bbb 目录成为空目录,则将 bbb 也删除。命令执行过程和结果如图 4.20 所示。

图 4.19　删除空目录

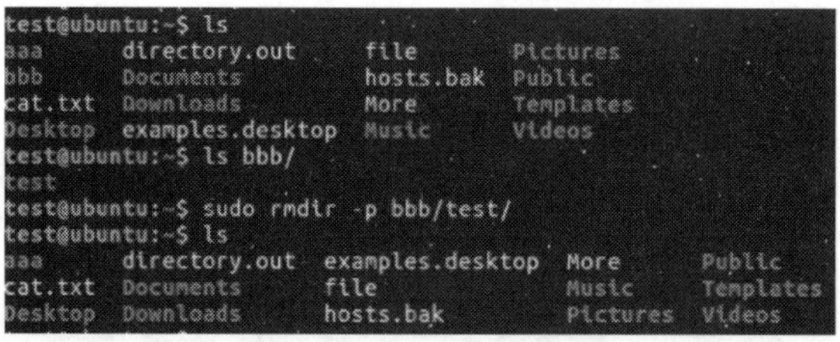

图 4.20　依次删除目录

4.2.5　复制、移动命令

1. cp 命令

功能描述：将给出的文件或目录复制到另一文件或目录中,该命令类似于 DOS 下的 copy 命令。

语法：

cp [选项][源文件或目录][目的文件或目录]

选项：cp 命令中的常用选项如表 4.8 所示。

表 4.8 cp 命令常用选项

选 项	作 用
-f	强制复制文件
-p	保留原文件的日期
-R	复制所有文件及目录

范例：

将文件 file1 和 file2 复制到目录 dir。命令执行过程和结果如图 4.21 所示。

将 dir 下的所有文件包括子目录复制到 dir1 目录中。命令执行过程和结果如图 4.22 所示。

图 4.21 复制文件

图 4.22 复制目录

2. mv 命令

功能描述：将文件或目录改名，或将文件由一个目录移入另一个目录。

语法：

mv [选项][源文件或目录][目的文件或目录]

选项：mv 命令中的常用选项如表 4.9 所示。

表 4.9 mv 命令常用选项

选 项	作 用
-i	覆盖前提示
-f	强制移动

范例：将文件 file1 更名为 file2，若 file2 为目录，则是将文件 file1 移动到 file2 目录下。命令执行过程和结果如图 4.23 所示。

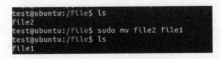

图 4.23 文件更名

4.2.6 压缩备份命令

1. tar 命令

功能描述：tar 是一个归档程序，可以把许多文件打包成为一个归档文件或者把它们写入备份文件。

语法：

tar [选项][文件或目录]

选项：tar 命令中的常用选项如表 4.10 所示。

表 4.10 tar 命令常用选项

选　　项	作　　用
-z	使用 gzip 或 gunzip 处理备份文件
-c	产生一个 .tar 文件
-v	显示压缩过程
-f	指定压缩后的文件名
-x	将打包文件打开
-t	测试 tarball 压缩文件
-z	如果配合选项 c 使用是压缩，配合 x 使用是解压缩

范例：将目录 ./aaa 下所有文件打包、压缩成一个压缩文件。命令执行过程和结果如图 4.24 所示。

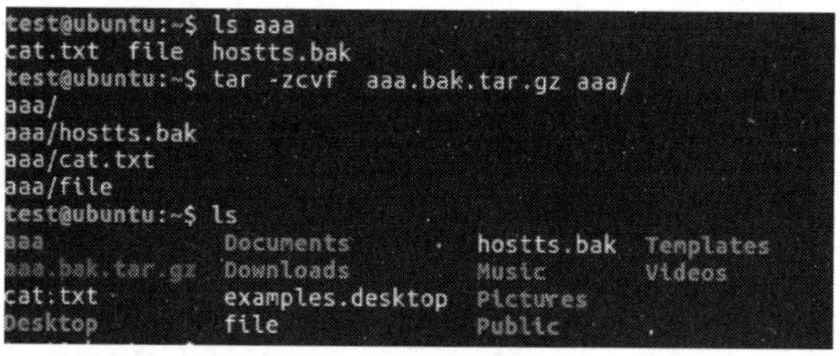

图 4.24 压缩文件

2. gzip 命令

功能描述：用 Lempel-Ziv coding(LZ77)算法压缩文件，压缩后文件格式为 .gz。

语法：

gzip [选项][文件]

选项：gzip 命令中的常用选项如表 4.11 所示。

表 4.11 gzip 命令常用选项

选　　项	作　　用
-1	数字 1，表示快速压缩
<压缩比例>，如 1-9	压缩比例为 1-9 的数字，代表压缩效率，预设值为 6，指定值越大，压缩效率越高
-r	递归压缩整个目录

范例：

快速压缩 cat.txt 生成 cat.txt.gz 压缩文件。命令执行过程和结果如图 4.25 所示。

用最佳压缩-9，再加上递归选项-r 压缩整个目录 aaa/。命令执行过程和结果如图 4.26 所示。

图 4.25 快速压缩 cat.txt

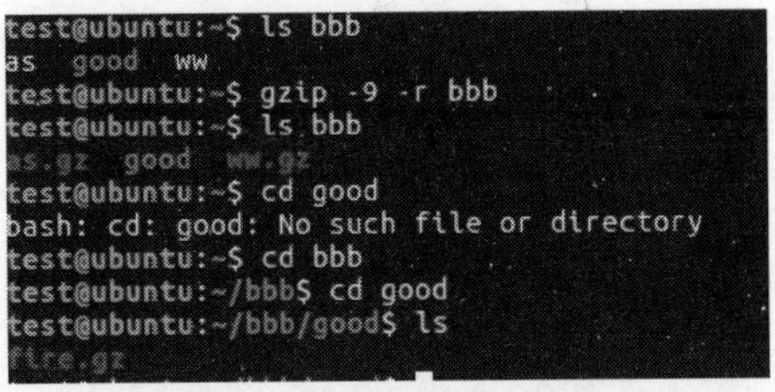

图 4.26 压缩整个目录

3. gunzip 命令

功能描述：解压缩以 gzip 压缩的 .gz 文件。

语法：

gunzip [选项][文件或目录]

选项：gunzip 命令中的常用选项如表 4.12 所示。

表 4.12 gunzip 命令常用选项

选　　项	作　　用
-a	使用 ASCII 的字符模式
-d	解压文件
-c	把解压后的文件输出到标准输出设备
-f	强行解压缩文件，不理会文件名称或硬链接是否存在
-h	在线帮助
-l	列出压缩文件的相关信息
-L	显示版本与版权信息
-n	解压文件时，若压缩文件内容含有原来的文件名称及时间戳记，则将其忽略不予处理
-N	解压缩时，若压缩文件内含有原来的文件名称及时间戳记，则将其回存到解开的文件上
-q	不显示警告信息
-r	递归处理，将指定目录下的所有文件及子目录一并处理
-S〈压缩字尾字符串〉	更改压缩字尾字符串
-t	测试压缩文件是否正确无误
-v	显示指令执行过程
-V	显示版本信息

范例：解压缩 cat.txt.gz 文件。命令执行过程和结果如图 4.27 所示。

图 4.27　解压缩 cat.txt.gz 文件

4.2.7　权限管理命令

1. chgrp 命令

功能描述：改变文件或目录的所属组。

语法：

chgrp - R[群组][文件或目录]

范例：修改文件 aaa/file.gz 的所属组为 root。命令执行过程和结果如图 4.28 所示。

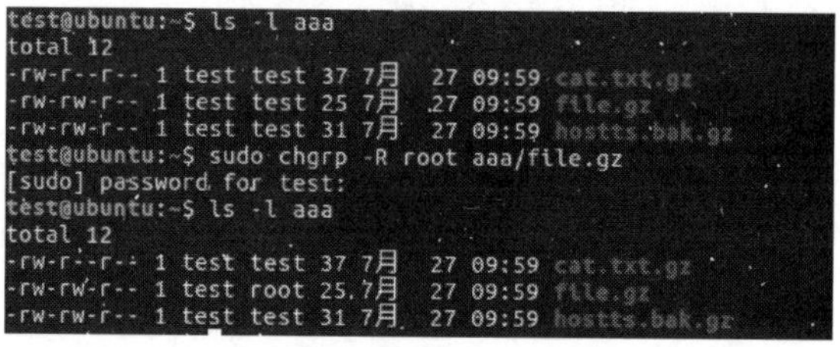

图 4.28　修改文件的所属组

2. chown 命令

功能描述：将文件或目录的所有者改变为指定用户。

语法：

chown[选项][用户[:[群组]][文件或目录]

选项：chown 命令中的常用选项如表 4.13 所示。

表 4.13　chown 命令常用选项

选　项	作　用
-R	递归式地改变指定目录及其下的所有子目录和文件的拥有者
-v	显示 chown 命令所做的工作

范例：

将 cat.txt 文件的所有者更改为用户 mary。命令执行过程和结果如图 4.29 所示。

图 4.29　更改文件的所有者

将 Documents 目录及其下的文件的所有者更改为用户 mary。命令执行过程和结果如图 4.30 所示。

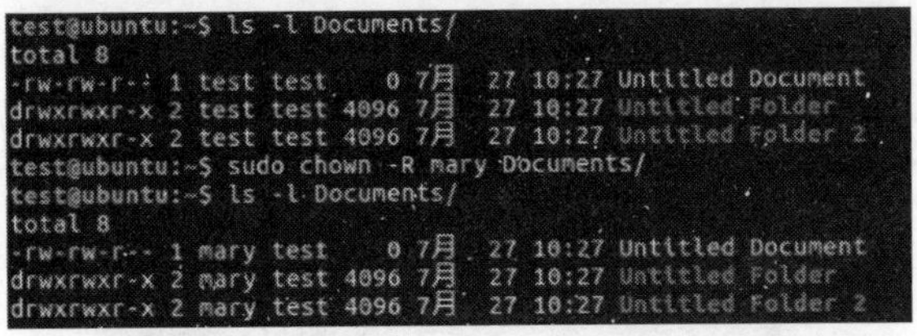

图 4.30　更改目录及其下的文件的所有者

一般来说,这个指令只由系统管理员(root)所使用,一般使用者没有权限改变别人的文件拥有者,也没有权限可以将自己的文件拥有者改设为别人。只有系统管理员(root)才有这样的权限。

3. chmod 命令

功能描述:改变文件或目录的访问权限。

语法:chmod 命令有两种,即符号模式和绝对模式。

选项:chmod 命令中的常用选项如表 4.14 所示。

表 4.14　chmod 命令常用选项

选　　项	作　　用
-c	只输出被改变文件的信息
-f	当 chmod 不能改变文件模式时,不通知文件的用户
-R	递归地修改相应目录下所有文件和子目录
- -reference=filename	参照 filename 的权限来设置

符号模式的命令格式为:

chmod[选项][who]operator[permission]files

其中,who、operator、permission 选项如表 4.15~表 4.17 所示。

表 4.15　who 选项

who 选项	作　　用
-u	文件属主权限
-g	属组用户权限
-o	其他用户权限
-a	所有用户

表 4.16　operator 选项

operator 选项	作　　用
+	增加权限
—	取消权限
=	设定权限

表 4.17   permission 选项

permission 选项	作　　用
r	读权限
w	写权限
x	执行权限

范例：取消 cat. txt 文件属主写权限。命令执行过程和结果如图 4.31 所示。

```
test@ubuntu:~$ ls -l cat.txt
-rw-r--r-- 1 mary test 9 7月  27 09:55 cat.txt
test@ubuntu:~$ sudo chmod u-w cat.txt
test@ubuntu:~$ ls -l cat.txt
-r--r--r-- 1 mary test 9 7月  27 09:55 cat.txt
```

图 4.31   取消文件属主写权限

绝对模式的命令格式为：

chmod [选项]mode files

其中，mode 是代表权限等级，由 3 个八进制数表示，分别代表文件属主、属组、其他用户的权限。将权限数字化时，4 表示读权限，2 表示写权限，1 表示执行权限。每个权限等级如表 4.18 所示。

表 4.18   权限等级

权限等级	表示权限
7	r＋w＋x：读、写、执行权限
6	r＋w：读、写权限
5	r＋x：读、执行权限
4	r：读权限
3	w＋x：写、执行权限
2	w：写权限
1	x：执行权限

4.2.8   Linux 文件查找命令

1. whereis 命令

功能描述：寻找命令的二进制文件，同时也会找到其帮助文件。

语法：

whereis [文件]

范例：搜索 ls 命令及其帮助文件的位置。命令执行过程和结果如图 4.32 所示。

```
test@ubuntu:~$ whereis ls
ls: /bin/ls /usr/share/man/man1/ls.1.gz
```

图 4.32   whereis 命令

2. find 命令

功能描述：寻找文件或目录的位置。

语法：

find[搜索路径][搜索关键字][文件或目录]

选项：find 命令中常用选项如表 4.19 所示。

表 4.19　find 命令常用选项

选　　项	作　　用
-type	指定搜索文件的文件类型
-name	指定搜索文件的名字
-group gname	搜索组名称为 gname 的文件
-iname	与-name 类似

范例：

从根目录寻找 file 的位置并把输出显示到屏幕上。命令执行过程和结果如图 4.33 所示。

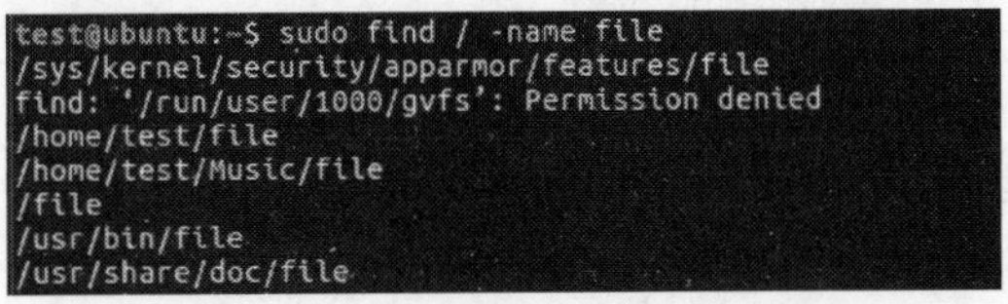

图 4.33　从根目录寻找 file 文件

在/etc 目录下搜寻所有以 fir 开头的文件。命令执行过程和结果如图 4.34 所示。

图 4.34　搜寻所有以 fir 开头的文件

在/etc 目录下，搜索所有以 f 开头后面有四个字符的文件。命令执行过程和结果如图 4.35 所示。

图 4.35　搜索以 f 开头后面有四个字符的文件

3. locate 命令

功能描述：寻找文件或目录。

语法：

locate [搜索关键字]

范例：列出所有和 abc 相关的文件，并用 more 程序显示。命令执行过程和结果如图 4.36 所示。

```
test@ubuntu:~$ locate abc | more
/etc/brltty/Contraction/nabcc.cti
/etc/brltty/Text/en-nabcc.ttb
/usr/lib/libreoffice/share/config/soffice.cfg/modules/scalc/ui
/tabcolordialog.ui
/usr/lib/python2.7/_abcoll.py
/usr/lib/python2.7/_abcbll.pyc
/usr/lib/python2.7/abc.py
/usr/lib/python2.7/abc.pyc
/usr/lib/python3/dist-packages/plainbox/abc.py
/usr/lib/python3/dist-packages/plainbox/test_abc.py
```

图 4.36　列出所有和 abc 相关的文件

4.3　输入/输出重定向

4.3.1　标准输入/输出

执行一个 Shell 命令行时通常会自动打开 3 个标准文档,即标准输入文档(stdin),通常对应终端的键盘;标准输出文档(stdout)和标准错误输出文档(stderr),这两个文档都对应终端的屏幕。进程将从标准输入文档中得到输入数据,将正常输出数据输出到标准输出文档,而将错误信息输出到标准错误文档中。

以 cat 命令为例,cat 命令的功能是从命令行给出的文件中读取数据,并将这些数据直接送到标准输出文档。若使用如下命令:

　＃cat test

将会把文档 test 文件的内容显示到屏幕上。如果 cat 的命令行中没有参数,它就会从标准输入文档中读取数据,并将其送到标准输出文档,即显示屏上。命令的执行过程如图 4.37 所示。

```
test@ubuntu:~$ cat
hello
hello
welcome to cdxy!
welcome to cdxy!
tom&jerry
tom&jerry
```

图 4.37　标准输入

4.3.2　输入重定向

输入数据从终端输入时,输入的数据系统只能用一次,下次再想使用这些数据时就得重新输入。而且在终端上输入时,如果输入有错误,修改起来也不是很方便。Linux 系统中支持输入重定向功能,用符号"＜"和"≪"来表示,分别表示"输入"与"结束输入"。

把命令(或可执行程序)的标准输入重定向到指定的文件中。输入的数据不是来自键盘,而是来自一个指定的文件。也就是说,输入重定向主要用于改变一个命令的输入源,特别是改变那些需要大量数据输入的输入源。只要指定数据的输入来源,程序即可从中读入数据。

范例:

使用重定向的方法,将/etc/passwd 文档内容传给 wc 命令,命令执行过程和结果如图 4.38 所示。

```
test@ubuntu:~$ wc < /etc/passwd
  43   72 2374
```

图 4.38　输入重定向

从控制台输入字符串，当输入为"eof"时结束输入，并将全部结果存储在当前目录下的cat.txt中。命令执行过程和结果如图4.39所示。

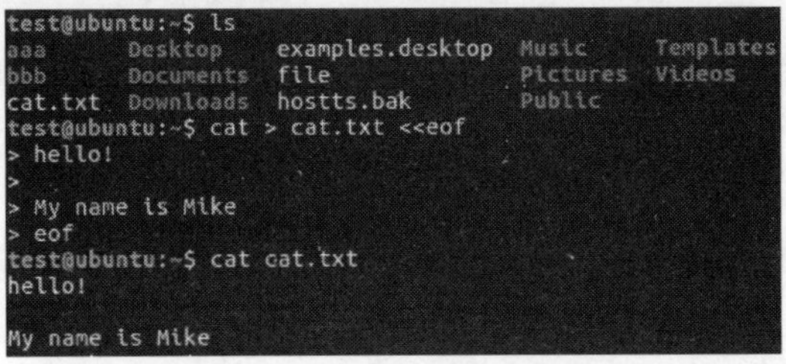

图4.39　从控制台输入字符串

4.3.3　输出重定向

输出到终端屏幕上的信息只能看不能动，不能对输出的数据做更多处理。输出重定向是指把命令（或可执行程序）的标准输出或标准错误输出重新定向到指定文件中。该命令的输出就不显示在屏幕上，而是写入到指定文件中。Linux 系统中支持输出重定向，用符号">"和"≫"来表示，分别表示"替换"与"追加"。

很多情况下都能够使用输出重定向这种功能。某个命令的输出很多，在屏幕上不能完全显示，就可以将输出重定向到一个文档中，然后再用文本编辑器打开这个文档，就能够查看输出信息；如果想保存一个命令的输出，也可以使用输出重定向。输出重定向能够用于把一个命令的输出当作另一个命令的输入。

范例：

将 ls 命令的输出保存为一个名为 directory.out 的文档。命令执行过程和结果如图4.40所示。

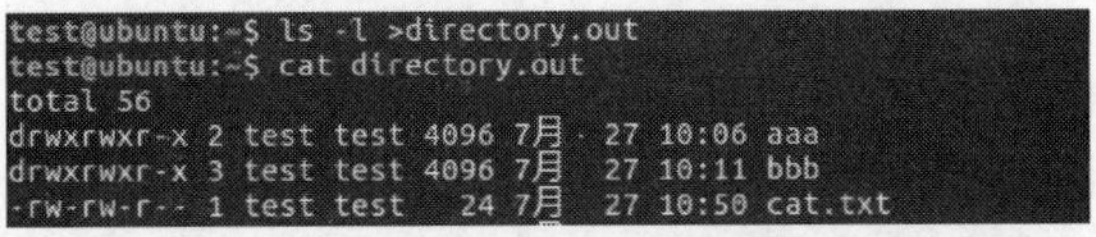

图4.40　从控制台输入字符串

将/etc/hosts 文件输出到当前文件夹中的 hosts.backup 文件中。命令执行过程和结果如图4.41所示。

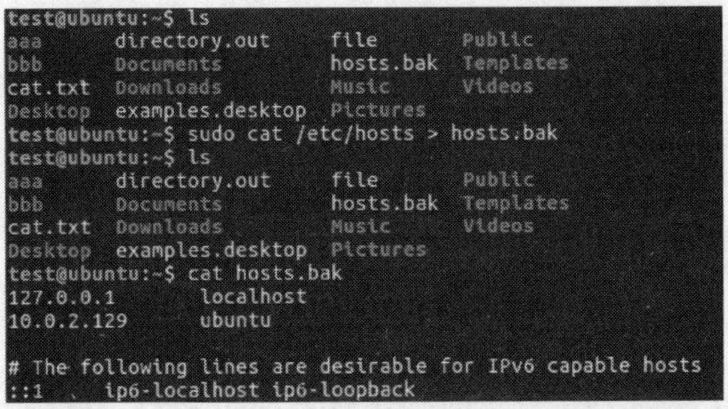

图4.41　将/etc/hosts 文件输出到 hosts.backup 文件

Linux 文件管理

4.4 管 道

在 Linux 操作系统中,管道(Pipeline)是原始的软件管道,即一个由标准输入输出连接起来的进程集合,所以每一个进程的输出(stdout)被直接作为下一个进程的输入(stdin)。每一个连接都由未命名管道实现。过滤程序经常被用于这种设置。

管道是一个连接两个进程的连接器。管道是单向的,一端只能用于输入,另一端只能用于输出,管道遵循"先进先出"原则。管道分为普通管道和命名管道两种。

范例:输出/etc/init.d/resolvconf 文件的内容,使用 more 程序来显示,即可以滚动显示超出屏幕范围的内容。命令执行过程和结果如图 4.42 所示。

```
if [ "$JOB" = "upstart-job" ]; then
    if [ -z "$1" ]; then
        echo "Usage: upstart-job JOB COMMAND" 1>&2
        exit 1
    fi

    JOB="$1"
    INITSCRIPT="$1"
    shift
else
    if [ -z "$1" ]; then
        echo "Usage: $0 COMMAND" 1>&2
        exit 1
```

图 4.42 重定向到 more 程序

小 结

本章介绍了 Linux 文件系统的基础知识,通过具体的案例,对常用的文件和目录管理进行了讲解。还对压缩归档的命令以及输入输出重定向做了介绍。

习 题

1. /etc 目录中典型的文件类型是(   )。

    A. 配置文件   B. 杂项文件

    C. 标准 Linux 命令   D. 临时文本

2. /bin 目录中存放的是(   )。

    A. 系统的命令文件   B. 配置文件

    C. 动态链接共享库   D. 设备文件

3. 下面的 Linux 命令中可以分页显示文本文件内容的是(   )。

    A. pause   B. cat   C. more   D. grep

4. 若要删除一个非空子目录/tmp,应使用命令(   )。

    A. del /tmp/ *   B. rm -rf /tmp

    C. rm -Ra /tmp/ *   D. rm -rf /tmp/ *

5. 快速切换到用户自己的主目录的命令是(   )。

    A. cd @   B. cd #   C. cd &   D. cd ~

6. 以下（   ）命令用来同时完成压缩和打包的任务。

    A. gzip   B. compress   C. tar   D. bzip2

7. 假如你得到一个运行命令被拒绝的信息,则可以用（   ）命令去修改它的权限使之可以正常运行。

    A. path=   B. chmod   C. chgrp   D. chown

8. 命令在运行的过程中,按（   ）键能中止当前运行的命令。

    A. Ctrl+D   B. Ctrl+C   C. Ctrl+B   D. Ctrl+F

9. Linux 系统的文件类型有哪些? 各有什么特点?

10. Linux 系统文件结构的特点是什么?

11. 假设用户 file1、file2、file3 同属于 test 这个用户组。如果有下面两个文件,请说明两个文件的所有者及其相关用户的权限。

-rw-r--r--1 root root 238 Jun1817:22abc.txt

-rwxr-xr--1file1test 5238Jun1910:25xyz

12. 有哪些命令可用来查看文件的内容? 这些命令有什么不同?

13. 新建、移动、删除和复制文件使用什么命令?

14. 如果将文件 file 的属性改为-rwxr-xr--,应怎样实现? 又怎样将文件 file 的属性改为-rwxr-xr-x?

15. 使用什么命令统计文件中的信息?

16. 标准输入和标准输出指什么? 输出重定向和输入重定向指什么?

17. 上机练习:对文件夹和文件相关的命令,压缩文件目录的命令,以及查找文件的命令进行练习,从而对实际的 Linux 文件系统管理有个初步的了解。

实验 4-1　文件的显示

1. 实验目的

熟悉文件显示的命令。

2. 实验内容

(1) 使用不同账户登录终端。

(2) 使用 cat、more、less、head、tail 命令显示/etc/inittab 文件。

实验 4-2　文件和文件夹的管理

1. 实验目的

熟悉文件及目录相关操作命令。

2. 实验内容

(1) 新建目录/home/test。

(2) 使用 pwd 命令显示当前目录。

(3) 使用 cd 命令先转到/root 目录再转到当前目录。

(4) 将/etc 目录及其下所有内容复制到/home/test。

70

（5）查看和访问/home/test。

（6）更改权限和所有者,使用命令查看区别。

（7）将/home/test/etc 压缩成 etc. tar. gz。

（8）解压 etc. tar. gz 文件。

（9）删除 test 目录及其下所有内容。

第 5 章   Linux 系统用户管理

本章学习目标

- 了解 Linux 的用户和组的管理。
- 掌握用户管理的相关命令。
- 熟悉组管理的相关命令。

在 Linux 系统中,任何文件都属于某一特定用户,而任何用户都至少隶属于一个用户组。用户是否有权限对某文件进行访问、读写以及执行,受到用户与用户组管理系统的严格约束。本章将对 Linux 系统中重要的用户和用户组管理文件进行介绍,并且介绍如何进行管理。

5.1   Linux 用户介绍

5.1.1 用户和用户组

登录 Linux 系统时,用户通过特定的用户名(Username)来标识自己,用户的用户名就代表用户自己。用户所做的任何事情都与用户的用户名有关:系统上运行的每个进程都有一个相关的用户名。用户的用户名与用户所保存的内容有关:系统上每个文件被表明由某个特定用户所拥有。用户的用户名与用户使用的内容有关:用户所使用的磁盘空间总量或者用户使用的处理器时间总量都可以通过用户名追踪到。

系统上每个用户不仅有唯一的用户名,也有唯一的用户 ID,用户 ID 缩写为 UID。Linux 系统分配的 UID 是一个 32 位整数,这意味着最多可以有 2^{32} 个不同的用户。人们喜欢用文字来思考,而对 Linux 内核而言使用数字更简单。当内核记录谁拥有进程或者谁拥有文件时,它记下的是用户 ID 而不是用户名。

系统有一个数据库,存放着用户名与 UID 的对应关系,这个数据库被保存在配置文件/etc/passwd 中。Linux 像 UNIX 一样有一个优良的传统,那便是系统配置文件也是可读格式的文本,从而可以方便地用文本编辑器来编辑修改。用户和管理员可以用处理文本的小工具,如分页查看程序来检查这个数据库。系统中的大多数用户都有权限读取这个文件,但是不能进行修改。

由于每个文件必须有一个组所有者,因此必须有一个与每个用户相关的默认组。这个默认组成为新建文件的组所有者,被称作用户的主要组。除了主要组以外,用户也可以根据需要隶属于其他组,这些组被称作次要组。

5.1.2 用户分类

在 Linux 系统中,将用户分成 3 类:普通用户、超级用户和系统用户。

1. 普通用户

普通用户是使用系统的多数用户人群。普通用户通常通过/bin/bash 登录 Shell,把/home 作为用户主目录。一般情况下,普通用户只在自己的主目录和系统范围内的临时目录中创建文件。

2. 超级用户

超级用户的 UID 为 0。超级用户在系统上有完全权限:可以修改和删除任何文件;可以运行任何命令;可以取消任何进程。超级用户负责增加和保留其他用户,配置添加系统软硬件。超级用户通常使用/root 作为主目录。

3. 系统用户

大多数 Linux 系统会将一些低 UID 保留给系统用户。系统用户不代表人,而代表系统的组成部分。例如,处理电子邮件的进程经常以用户名 mail 来运行;运行 Apache 网络服务器的进程经常作为用户 apache 来运行。系统用户通常没有登录 Shell,因为它们不代表实际登录的用户。同样地,系统用户的主目录很少在/home 中,而通常在属于相关应用的系统目录中。例如,用户 apache 的目录/var/www。

用户类型及其 ID 范围如表 5.1 所示。

表 5.1　Linux 用户类型及 ID 范围

用户 ID 范围	用户类型
0	根用户
1~499	系统用户
500+	普通用户

5.2　相 关 文 件

Linux 操作系统在存储用户信息时,继承了 UNIX 的传统,把全部用户信息保存为普通的文本文件。它们分别是 passwd 文件、shadow 文件、group 文件、gshadow 文件。这些文件通过文本编辑器就可以查看。

5.2.1 passwd 文件

在 Linux 操作系统中,用户的关键信息被存放在系统的/etc/passwd 文件中,系统的每一个合法用户账号对应于该文件中的一行记录。这行记录定义了每个用户账号的属性。用户数据按字段以冒号分隔,格式如下。

```
username:password:uid:gid:userinfo:home:shell
```

其中,各个字段的含义如表 5.2 所示。

表 5.2　/etc/passwd 字段说明

字　段　名	编　号	说　　明
username	1	给一个用户可读的用户名称
password	2	加密的用户密码
uid	3	用户 ID, Linux 内核用这个整数来识别用户
gid	4	用户组 ID, Linux 内核用这个整数识别用户组
userinfo	5	用来保存帮助识别用户的简单文本
home	6	当用户登录时, 分配给用户的主目录
shell	7	登录 Shell 是用户登录时的默认 Shell, 通常是/bin/bash

范例：解释图 5.1 中第一个用户 root 的基本信息。

图 5.1　passwd 文件

root 用户的基本信息如表 5.3 所示。

表 5.3　root 用户的基本信息

字　段　名	编　号	说　　明
username	1	root
password	2	x
uid	3	0
gid	4	0
userinfo	5	root
home	6	/root
shell	7	/bin/bash

5.2.2　shadow 文件

用户的加密密码通常被保存在/etc/passwd 文件的第二个字段中。由于/etc/passwd 文件所包含的信息远远多于单纯的密码, 每个人都必须能够读取它, 因此, 随着计算机性能的飞速发展, 即使是暴露密码的加密形式也是非常危险的。高性能计算机可以通过穷举, 在很短的时间破解密码, 这就是"暴力"破解。

因此, 在 Linux 和 UNIX 系统中, 采用一种更新的叫作"影子密码"的技术来保存密码, 用户的密码被保存在专门的/etc/shadow 文件中。由于该文件包含的是只与密码有关的信息, 所以其权限不允许普通用户查看内容。查看这个文件需要超级管理员 root 的权限。

和/etc/passwd 文件类似, /etc/shadow 文件中的每行记录一个合法用户账号的数据, 文件中的每一行的数据也是用冒号分隔, 格式如下：

username: password:lastchg:min:max:warn:inactive:expire:flag

其中，各个字段的含义如表 5.4 所示。

表 5.4　/etc/shadow 字段说明

字　段　名	编　号	说　　明
username	1	用户的登录名
password	2	加密的用户密码
lastchg	3	自 1970 年 1 月 1 日起到上次修改口令所经过的天数
min	4	两次修改口令之间至少经过的天数
max	5	口令还会有效的最大天数
warn	6	口令失效前多少天内向用户发出警告
inactive	7	禁止登录前用户还有效的天数
expire	8	用户被禁止登录的时间
flag	9	保留

范例：解释图 5.2 中第一个用户 root 的 shadow 信息。

图 5.2　shadow 文件

对 root 用户的信息进行解释，该信息含义如表 5.5 所示。

表 5.5　root 用户的 shadow 文件信息

字　段　名	编　号	说　　明
username	1	root
password	2	加密口令：$ 6 $ zAkvHVUq $ Rg0ruC1MW8Iw. 2 NiJMR/FDqt6/0q8vtGuLqaiXzED. YchzObeweCp3hvagWBOzl4rrNWnRqshEAuNPZs HvbH1
lastchg	3	自 1970 年 1 月 1 日起到上次修改口令所经过的天数：0
min	4	需几天可以修改口令：0 天
max	5	口令还会有效的最大天数：99999 天，即永不过期
warn	6	口令失效前 7 天内向用户发出警告
inactive	7	禁止登录前用户还有效的天数未定义，以":"表示
expire	8	用户被禁止登录的时间未定义，以":"表示
flag	9	保留未使用，以":"表示

5.2.3　group 文件

　　Linux 内核用 32 位整数来标识用户组。/etc/group 文件把组名与组 ID 联系在一起，并且定义了用户属于哪些组。/etc/group 文件对组的作用相当于/etc/passwd 文件对用户的作用，有着类似的结构和更合理的名称。这也是一个以行为单位的配置文件，每行含有被冒号隔开的字段,格式如下。

```
group_name:group_password:group_id:group_members
```

其中,各个字段的含义如表5.6所示。

表 5.6　/etc/group 字段说明

字 段 名	编 号	说 明
group_name	1	用户组名
group_password	2	加密后的用户组密码
group_id	3	用户组 ID
group_members	4	逗号分隔开的组成员

范例:解释图5.3中第一个组root的组信息。

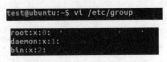

图 5.3　group 文件

root用户组的信息如表5.7所示。

表 5.7　root 用户组的信息

字 段 名	编 号	说 明
group_name	1	root
group_password	2	加密后的用户组密码:x
group_id	3	0
group_members	4	group_members4 没有组成员

5.2.4　gshadow 文件

和用户账号文件passwd一样,为了防止暴力破解,用户组文件也采用将组口令与组的其他信息分离的安全机制,即使用/etc/gshadow文件存储加密的组口令。查看这个文件需要root权限。gshadow文件也是一个以行为单位的配置文件,每行含有被冒号隔开的字段,gshadow文件的格式如下。

```
group_name:group_password:group_id:group_members
```

其中,各个字段的含义如表5.8所示。

表 5.8　/etc/gshadow 字段说明

字 段 名	编 号	说 明
group_name	1	用户组名
group_password	2	加密后的用户组密码:
group_id	3	用户组 ID(可以为空)
group_members	4	逗号分隔开的组成员(可以为空)

范例：解释图 5.4 中 root 组的信息。

图 5.4　gshadow 文件

root 用户组的信息如表 5.9 所示。

表 5.9　root 用户组的信息

字　段　名	编　　号	说　　明
group_name	1	root
group_password	2	加密后的用户组密码：*
group_id	3	空
group_members	4	空

5.3　用户管理命令

5.3.1　useradd 命令

功能描述：在 Linux 系统中创建新用户。

语法：

useradd [选项] 用户名

选项：useradd 命令中的常用选项如表 5.10 所示。

表 5.10　useradd 命令选项

选　　项	作　　用
-d	指定用户主目录
-g	指定 gid
-u	指定 uid
-l	不要把用户添加到 lastlog 和 failog 中，这个用户的登录记录不需要记载
-m	自动创建用户主目录
-p	指定新用户的密码
-r	建立一个系统账号
-s	指定 Shell

范例：

使用 useradd 命令创建一个 test 用户。用户组为 test，登录 Shell 为/bin/bash，用户主目录为/home/Mym，命令的执行过程和结果如图 5.5 所示。

使用 useradd 命令创建一个 test2 用户。创建时 useradd 后面不添加任何参数选项，命

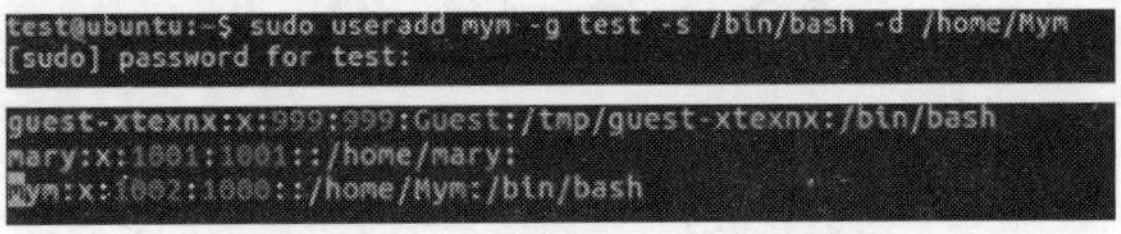

图 5.5　使用 useradd 命令创建用户

令的执行过程和结果如图 5.6 所示。

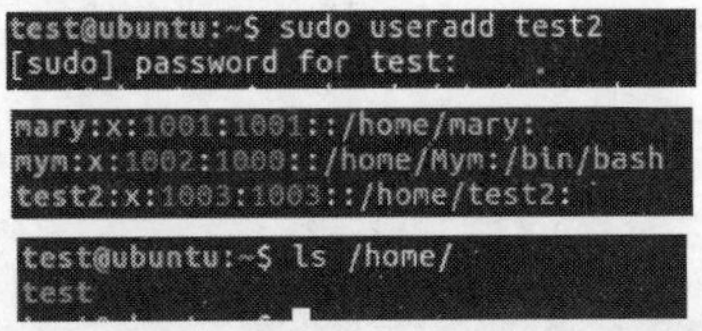

图 5.6　使用 useradd 命令创建三无用户

使用 useradd 命令时，如果后面不添加任何参数选项，创建出来的用户将是默认的"三无"用户：一无主目录，二无密码，三无系统 Shell。

在 Ubuntu 系统中，还有一个可以创建用户的命令：adduser。使用 adduser 命令时，创建用户的过程更像是一种人机对话过程，系统会提示用户输入各种信息，然后会根据这些信息创建新用户。

范例：使用 adduser 命令创建一个 test1 用户命令的执行过程和结果如图 5.7 所示。

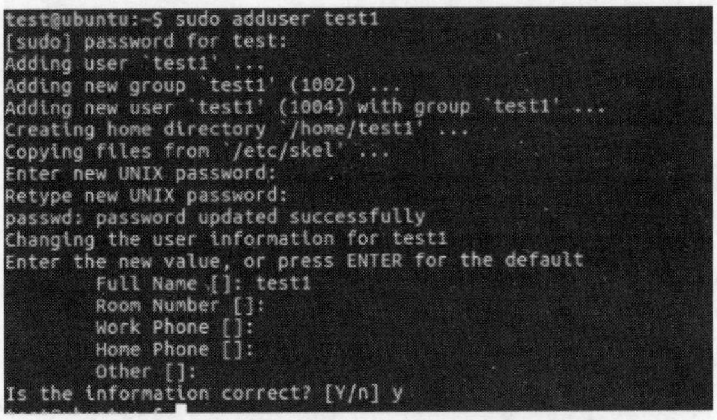

图 5.7　使用 adduser 命令创建用户

adduser 命令简单，适合初级使用者，因为不用去记那些烦琐的参数选项，只要跟着系统的提示一步一步去做即可完成。而 useradd 命令适合有经验的使用者，往往一行命令加参数就能解决很多问题，所以创建起来十分方便。

5.3.2　passwd 命令

功能描述：为新增加的用户设置口令，也可以更改原有用户的口令，管理员还可以使用passwd 命令锁定某个用户账户。

语法：

passwd[选项]用户名

选项：passwd 命令中的常用选项如表 5.11 所示。

Linux 系统用户管理

表 5.11   passwd 命令选项

选　　项	作　　用
-l	管理员锁定已经命名的账户名称
-u	管理员解开账户锁定状态
-x	管理员设置最大密码使用时间(天)
-n	管理员设置最小密码使用时间(天)
-d	管理员用来删除用户的密码

范例：为新建用户 testl 设定密码。命令的执行过程如图 5.8 所示。

```
test@ubuntu:~$ sudo passwd test1
Enter new UNIX password:
Retype new UNIX password:
passwd: password updated successfully
```

图 5.8   为 test 设定密码

5.3.3   usermod 命令

功能描述：修改用户账户的信息。

语法：

usermod [选项]用户名

选项：命令中的常用选项如表 5.12 所示。

表 5.12   usermode 命令选项

选　　项	作　　用
-d	修改用户主目录
-e	修改账号的有效期限
-f	修改在密码过期后多少天即关闭该账号
-g	修改用户所属的组
-G	修改用户所属的附加组
-l	修改用户账号名称
-L	锁定用户密码,使密码无效
-s	修改用户登录后所使用的 Shell
-u	修改用户 ID
-U	解除密码锁定

范例：

将 test1 用户添加到组 users 中,命令的执行过程如图 5.9 所示。

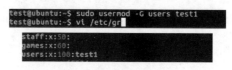

```
test@ubuntu:~$ sudo usermod -G users test1
test@ubuntu:~$ vi /etc/gr

staff:x:50:
games:x:60:
users:x:100:test1
```

图 5.9   修改用户附加组

修改 Mym 的用户名为 Myx。命令的执行过程如图 5.10 所示。

锁定账号 Myhx,锁定账号后,使用文本编辑器查看/etc/shadow,用户的密码项的开始处插入一个感叹号表示用户被锁定。命令的执行过程如图 5.11 所示。

图 5.10　修改用户名

图 5.11　锁定用户

解除对 Myx 的锁定,使用文本编辑器查看/etc/shadow,用户的密码项的开始处的感叹号消失,表示用户的锁定被解除。命令的执行过程如图 5.12 所示。

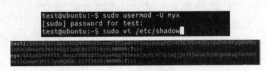

图 5.12　解除锁定

5.3.4　userdel 命令

功能描述: userdel 命令用来删除系统中的用户。

语法:

userdel [选项] 用户名

选项: userdel 命令中的常用选项如表 5.13 所示。

表 5.13　userdel 命令选项

选　　项	作　　用
-r	删除账户时,连同用户主目录一起删除

范例:

删除 test1 账户,不删除用户主目录。命令的执行过程和结果如图 5.13 所示。

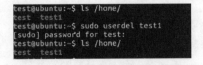

图 5.13　不删除用户主目录

删除 test1 账户,并将用户主目录一同删除。命令的执行过程和结果如图 5.14 所示。

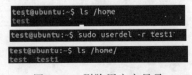

图 5.14　删除用户主目录

5.4 用户组管理命令

5.4.1 groupadd 命令

功能描述：groupadd 命令可指定组名称来建立新的组账号。

语法：

groupadd [选项]组名

选项：groupadd 命令中的常用选项如表 5.14 所示。

表 5.14 groupadd 命令选项

选 项	作 用
-g	组 ID，除非使用-o 选项，否则该值必须唯一
-o	允许设置相同组 ID 的群组
-r	建立系统组
-f	强制执行，创建相同 ID 的组

范例：新建组 helo，指定 gid 为 400。命令的执行过程和结果如图 5.15 所示。

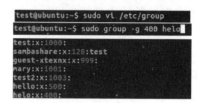

图 5.15 新建组

5.4.2 groupmod 命令

功能描述：groupmod 命令用来修改用户组属性。

语法：

groupmod [选项] 组名

groupmod 命令中的常用选项如表 5.15 所示。

表 5.15 groupmod 命令选项

选 项	作 用
-g	指定组 ID
-o	与 groupadd 相同
-n	修改用户组名

范例：修改组 helo 的组名为 ehlo，gid 为 6000。命令的执行过程和结果如图 5.16 所示。

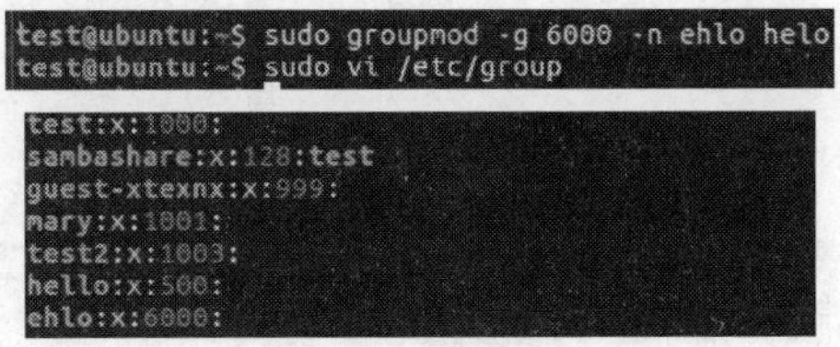

图 5.16 修改组

5.4.3 groupdel 命令

功能描述：groupdel 命令可以从系统上删除组。如果该组中仍包含某些用户,则必须先删除这些用户后,方能删除组。

语法：

groupdel 组名

范例：为组 ehlo 添加新用户 wangli,然后删除组 ehlo。命令的执行过程和结果如图 5.17 所示。

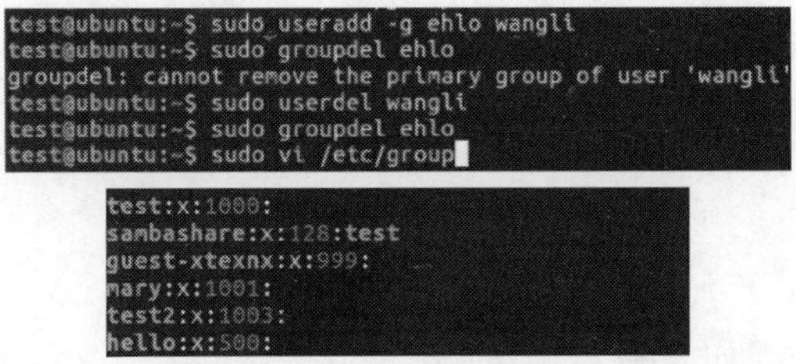

图 5.17 删除组

5.4.4 gpasswd 命令

功能描述：gpasswd 命令用来管理组。使用 gpasswd 命令为组设定密码,让知道该组密码的用户可以暂时切换具备该组功能。

语法：

gpasswd [选项]组名

gpasswd 命令中的常用选项如表 5.16 所示。

表 5.16 gpasswd 命令选项

选　　项	作　　用
-a	指定组 ID
-d	从组删除用户
-A	指定管理员
-M	指定组成员
-r	删除密码
-R	限制用户登录组,只有组中的成员才可以用 newgrp 加入该组

范例：系统中有个 test 账户，该账户本身不是 users 群组的成员，就不能为该组添加成员。通过 gpasswd 命令将 test 用户设置为 users 群组的管理员，之后 test 就可以为 users 组添加成员了。命令的执行过程如图 5.18 和图 5.19 所示。

```
usbmux:x:120:46:usbmux daemon,,,:/var/lib/usbmux:/bin/false
test:x:1000:1000:test,,,:/home/test:/bin/bash
sshd:x:121:65534::/var/run/sshd:/usr/sbin/nologin
```

图 5.18　查看 test 账户信息

```
test@ubuntu:~$ gpasswd -a mary users
gpasswd: Permission denied.
test@ubuntu:~$ sudo gpasswd -A test users
test@ubuntu:~$ gpasswd -a mary users
Adding user mary to group users
```

图 5.19　gpasswd 命令应用

5.5　su 和 sudo 命令

5.5.1　su 命令

功能描述：su 命令的作用是切换用户，超级权限用户 root 向普通或虚拟用户切换不需要密码，而普通用户切换到其他任何用户都需要密码验证。

语法：

su [选项] 用户名

su 命令中的常用选项如表 5.17 所示。

表 5.17　su 命令选项

选　　项	作　　用
-l	切换用户时，如同重新登录，如果没有指定用户名，默认为 root
-p	切换当前用户时，不切换用户工作环境，此为默认值
-c	以指定用户身份执行命令
-	切换当前用户时，切换用户工作环境

范例：切换用户名

不切换用户工作环境，命令的执行过程如图 5.20 所示。

```
test@ubuntu:~$ ls
aaa         directory.out  examples.desktop  More      Public
cat.txt     Documents      file              Music     Templates
Desktop     Downloads      hosts.bak         Pictures  Videos
test@ubuntu:~$ su root
Password:
root@ubuntu:/home/test# ls
aaa         directory.out  examples.desktop  More      Public
cat.txt     Documents      file              Music     Templates
Desktop     Downloads      hosts.bak         Pictures  Videos
```

图 5.20　不切换用户工作环境

范例：切换用户名，并切换用户工作环境，命令的执行过程如图 5.21 所示。

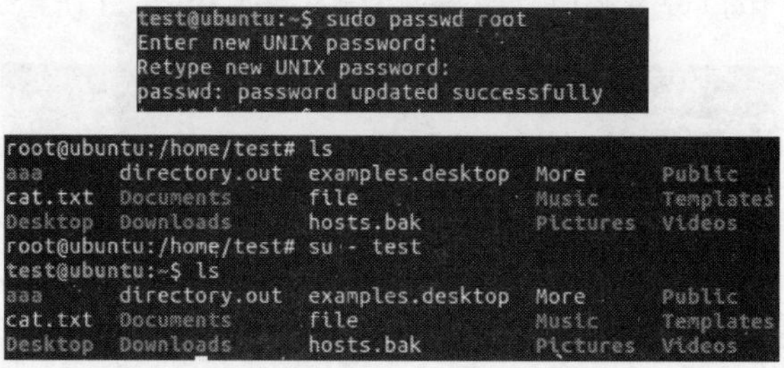

图 5.21　切换用户工作环境

5.5.2　sudo 命令

使用 su 命令切换到超级权限用户 root 后,权限是无限制的。但是当服务器的管理有多人参与时,有时不能明确哪些工作是由哪个用户切换到超级权限用户进行的操作。这对于服务器系统来说是不安全的。所以最好是针对每个管理员的技术特长和管理范围,有针对性地下放权限,并且约定其使用哪些工具来完成与其相关的工作,这时就有必要用到 sudo 命令了。在 Ubuntu 系统中,默认会将 root 用户关闭,使用 sudo 命令来获得 root 权限。

功能描述:允许超级权限用户 root 为其他用户委派权利,使之能运行部分或全部由 root 用户执行的命令。

语法:

sudo [选项]命令

sudo 命令中的常用选项如表 5.18 所示。

表 5.18　sudo 命令选项

选　项	作　用
-h	列出帮助信息
-V	列出版本信息
-l	列出当前用户可以执行的命令
-u	以指定用户的身份执行命令
-k	清除 timestamp 文件,下次使用 sudo 时需要再输入密码
-b	在后台执行指定的命令
-p	更改询问密码的提示语
-	不是执行命令,而是修改文件,相当于命令 sudoedit

范例:test 用户环境

查看/root 目录的内容,命令的执行过程如图 5.22 所示。

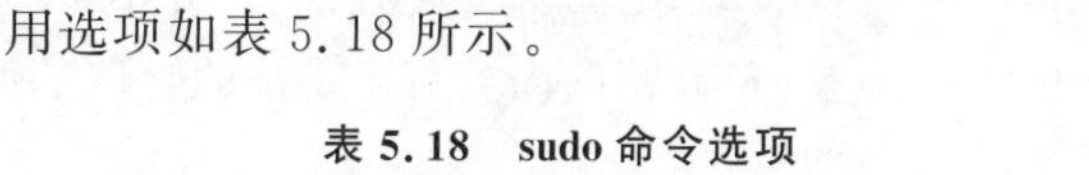

图 5.22　sudo 命令范例 1

Linux 系统用户管理

test 用户为 test2 用户设置密码,命令的执行过程如图 5.23 所示。

图 5.23　sudo 命令范例 2

范例:清除 timestamp 文件,下次使用 sudo 命令时需要再输入密码,命令的执行过程如图 5.24 所示。

图 5.24　sudo 命令范例 3

sudo 命令的执行流程是当前用户切换到 root(或其他指定切换到的用户),然后以 root (或其他指定的切换到的用户)身份执行命令,执行完成后,直接退回到当前用户;而这些前提是要通过 sudo 的配置文件/etc/sudoers 来进行授权。

通过 sudo 命令,能有针对性地下放某些超级权限,并且不需要普通用户知道 root 密码,所以 sudo 命令相对于权限无限制性的 su 命令来说,还是比较安全的,sudo 也被称为受限制的 su。另外,sudo 是需要授权许可的,所以也被称为授权许可的 su。

小　　结

本章主要介绍了 Linux 系统中用户和组的管理,包括一些重要的文件的使用,以及管理用户和组的相关命令的使用方法。这一章介绍的内容对于系统的管理是很重要的一部分内容。

习　　题

1. 下面关于 passwd 命令说法不正确的是(　　)。
   A. 普通用户可以利用 passwd 命令修改自己的密码
   B. 超级用户可以利用 passwd 命令修改自己和其他用户的密码
   C. 普通用户不可以利用 passwd 命令修改其他用户的密码
   D. 普通用户可以利用 passwd 命令修改自己和其他用户的密码

2. 文件 exer 的访问权限为 rw-r--r--,现要增加所有用户的执行权限和同组用户的写权限,下列命令正确的是(　　)。
   A. chmod a＋x g＋w exer   B. chmod 765 exer
   C. chmod o＋x exer   D. chmod g＋w exer

3. 为了保证系统的安全,目前的 Linux 一般是将用户账号的口令信息加密后存储于(　　)文件中。
   A. /etc/passwd   B. /etc/shadow
   C. /var/passwd   D. /var/shadow

4. passwd 文件各字段说明中,表示使用者在系统中的名字是(   )。

    A. account   B. password   C. UID   D. GID

5. 把用户名"liuyidan"改为"lyd",使用的命令是(   )。

    A. ♯usermod -l lyd liuyidan   B. ♯usermod -L lyd liuyidan

    C. ♯useradd -L lyd liuyidan   D. ♯useradd -l lyd liuyidan

6. 在终端提示符后使用 useradd 命令,该命令没做下面(   )操作。

    A. 在/etc/passwd 文件中增添了一行记录

    B. 在/home 目录下创建新用户的主目录

    C. 将/etc/skel 目录中的文件复制到新用户的主目录中去

    D. 建立新的用户并且登录

7. 新建用户时指定该账户在 30 天后过期,现在想改变这个过期时间,使用(   )命令。

    A. usermod -a   B. usermod -d

    C. usermod -x   D. usermod -e

8. Linux 使用哪个文件存储用户账号、密码和组名称?

9. 如何为新增用户指定用户主目录?

10. 使用什么命令可以从普通用户变为超级用户?

11. 简述 su 和 sudo 命令的作用与区别。

12. 如何让一个用户具有 sudu 的权限?

13. 上机练习:对 Linux 用户、组管理相关的命令进行练习,掌握 Linux 系统中用户的创建及管理。

实验 5-1　用户和组的管理

1. 实验目的

熟悉命令行中用户和组的管理方法。

2. 实验内容

(1) 新增一个名为 erdi 的用户,将这个用户分配到一个新组 some 中。

(2) 切换到 root 用户,修改 erdi 的密码。

(3) 添加一个用户名为 student,组名为 students,初始密码为 123456。

(4) 给 student 用户修改密码为 123123。

(5) 删除 student 用户。

(6) 从普通用户切换到 su 用户。

(7) 比较 su 用户与 sudo 用户的区别。

第6章 | 磁 盘 管 理

本章学习目标

- 了解硬盘的物理结构。
- 掌握 Ubuntu 系统中磁盘管理的基本方法。
- 熟悉磁盘配额的作用及配置过程。

随着软件资源和数据的日渐庞大,磁盘的容量也越来越大,磁盘管理的难度也越来越高。本章将对磁盘、Linux 文件系统以及磁盘管理的基本方法进行介绍。

6.1 磁 盘

6.1.1 硬盘的物理结构

为了便于理解,可将硬盘看作一个圆,它是坚硬金属材料制成的涂以磁性介质的盘片,不同容量硬盘的盘片数不等。每个盘片的两面涂有磁涂层,用来记录数据。要了解硬盘的物理结构,需要弄懂磁道、扇区、柱面、簇等几个概念。

1. 磁道

硬盘被一圈圈分成等份的同心圆,这些同心圆就是磁道。但打开硬盘,用户不能看到这些磁道,它实际上是被磁头磁化的同心圆,这些磁道是有间隔的,因为磁化单元太近会产生干扰。

2. 扇区

每个磁道中被分成若干等份的区域。扇区是硬盘数据存储的最小单位。整个磁盘的第一个扇区特别重要,因为其记录了整个磁盘的重要信息。磁盘的第一个扇区主要记录了两个重要的信息,分别是主要启动记录区(Master Boot Record,MBR)和分区表(Partition Table)。

MBR 是很重要的,因为当系统在开机的时候会主动去读取整个区块的内容,这样系统才会知道程序放在哪里以及该如何开机。如果要安装多重引导的系统,MBR 这个区块的管理就更加重要。

硬盘分区表是支持硬盘正常工作的骨架。操作系统正是通过它把硬盘划分为若干个分区,然后再在每个分区中创建文件系统,写入数据文件。一块新硬盘就像一根原木,必须要在这根原木上面切割出想要的区段,这个区段才能够再作为家具等的加工材料。如果没有进行切割,那么原木就不能被有效使用。同样的道理,必须要针对硬盘进行分隔,这样硬盘才可以被使用。

3. 柱面

假如一个硬盘只有 3 个磁盘片,每一片中的磁道数是相等的。从外圈开始,这些磁道被分成了 0 磁道、1 磁道、2 磁道,具有相同磁道编号的同心圆组成面就称作柱面。为了便于理解,柱面可以看作没有底的铁桶。柱面数就是磁盘上的磁道数,柱面是硬盘分区的最小单位。因此,一个硬盘的容量=柱面×磁头×扇区×512。

4. 簇

扇区是硬盘数据存储的最小单位,但操作系统无法对数目众多的扇区进行寻址,所以操作系统就将相邻的扇区组合在一起,形成一个簇,然后再对簇进行管理。每个簇可以包括 2、4、8、16、32、64 个扇区。

6.1.2　文件系统类型

磁盘分区后,必须经过格式化才能够正常使用,Linux 系统内核支持多种分区类型,其中使用较多的有如下几种。

1. EXT2

EXT2(Second Extended File system)是 Linux 操作系统适用的磁盘格式。EXT2 文件系统使用索引结点来记录文件信息,索引结点的作用就像 Windows 的文件分配表。索引结点是一个结构,它包含一个文件的长度、创建及修改时间、权限、所属关系、磁盘中的位置等信息。一个文件系统维护了一个索引结点的数组,每个文件或目录都与索引结点数组中的唯一一个元素对应。系统给每个索引结点分配了一个号码,也就是该结点在数组中的索引号,称为索引结点号。Linux 文件系统将文件索引结点号和文件名同时保存在目录中。所以,目录只是将文件的名称和它的索引结点号结合在一起的一张表,目录中每一对文件名称和索引结点号称为一个连接。对于一个文件来说,有唯一的索引结点号与之对应;对于一个索引结点号来说,却可以有多个文件名与之对应。因此,在磁盘上的同一个文件可以通过不同的路径去访问它。

2. EXT3

EXT3 文件系统是直接从 EXT2 文件系统发展而来。目前,EXT3 文件系统已经非常稳定可靠,它完全兼容 EXT2 文件系统。用户可以平滑地过渡到一个日志功能健全的文件系统中来。这实际上也是 EXT3 日志文件系统设计的初衷。

3. NFS

NFS(Network File System)是 Sun 公司推出的网络文件系统,允许在多台计算机间共享同一个文件系统,易于从所有计算机上存取文件。

4. ISO 9660

ISO 9660 是标准的 CD-ROM 文件系统,允许长文件名。

5. EXT4

EXT4 是一种针对 EXT3 系统的扩展日志式文件系统,是专门为 Linux 开发的原始的扩展文件系统(EXT 或 EXTFS)的第 4 版。Linux 内核自 2.6.28 版开始正式支持新的文件系统 EXT4。EXT4 是 EXT3 的改进版,修改了 EXT3 中部分重要的数据结构。EXT4 可以提供更佳的性能和可靠性,还有更为丰富的功能。主要特点如下。

（1）与 EXT3 兼容。

（2）更大的文件系统和更大的文件。EXT4 分别支持 1EB（1EB＝1024PB，1PB＝1024TB）的文件系统，以及 16TB 的文件。

（3）无限数量的子目录。

（4）多块分配。

6.1.3　硬盘的分类

个人计算机常见的磁盘接口分别是 IDE、SATA、SCSI，目前，SATA 和 SCSI 接口的硬盘较多。

以 IDE 接口来说，由于一个 IDE 扁平线缆可以连接两个 IDE 装置，通常主机都会提供两个 IDE 接口，因此一台主机最多可以接到 4 个 IDE 装置。也就是说，如果已经有一个光盘设备，那么最多就只能再接 3 个 IDE 接口的磁盘。这两个 IDE 接口通常被称为 IDE1（Primary）及 IDE2（Secondary），而每条扁平电缆上面的 IDE 装置可以被区分为 Master 与 Slave。

6.2　分区命名方式

在 Linux 系统中，每一个设备都映射到一个系统文件，包括硬盘、光驱等 IDE 或 SCSI 设备。Linux 对各种 IDE 设备都分配了一个由 hd 前缀组成的文件。而对各种 SCSI 设备，则分配了一个由 sd 前缀组成的文件，编号方法按照英文字母表顺序。例如，第一个 IDE 设备的分区，Linux 为其命名为 hda，第二个 IDE 设备的分区就定义为 hdb；以此类推，而 SCSI 设备就应该是 sda、sdb、sdc 等。

由于分区表最多只能容纳 4 个分区记录，所以每个设备最多能有 4 个主分区（包含扩展分区）。扩展分区要占用一个主分区号码。主分区和扩展分区的编号方法为数字顺序。例如，文件名为/dev/hda 时，那么 4 个分区在 Linux 系统中的命名如下。

（1）/dev/hda1。

（2）/dev/hda2。

（3）/dev/hda3。

（4）/dev/hda4。

通过扩展分区（Extended）可以将一个磁盘分隔成超过 4 个分区。扩展分区本身并不能拿来格式化，由扩展分区继续分隔出来的分区，就被称为逻辑分区（Logical）。例如，使用硬盘的 4 个分隔记录区中的两个：一个为主分区，一个为扩展分区。扩展分区再分为 3 个逻辑分区。上述分区在 Linux 系统中的装置文件名分别如下。

（1）/dev/hda1。

（2）/dev/hda2。

（3）/dev/hda5。

（4）/dev/hda6。

（5）/dev/hda7。

/dev/hda3 与/dev/hda4 没有分配，是因为前面 4 个号码都是保留给主分区或扩展分区用的，逻辑分区的名称号码由 5 开始。

6.3 常用磁盘管理命令

Linux 系统中磁盘的基本管理包括挂载/卸载磁盘分区、查看磁盘信息和磁盘的分区与格式化。在虚拟机中,给 Ubuntu 16.04 系统添加一块虚拟硬盘,并对该硬盘进行分区、格式化,给分区创建文件系统,实现挂载、自动挂载。

6.3.1 添加硬盘

在添加硬盘之前要保证虚拟主机是关闭的状态,单击"设置"命令,选择"存储",在控制器 SATA 处添加一个硬盘,如图 6.1 所示。硬盘的容量可以自己设置,添加完成后开启并进入系统。

图 6.1　添加硬盘

6.3.2 查看硬盘信息

在当前的 Ubuntu 系统中应该可以看到有两块硬盘:第一块是 sda,第二块是 sdb。dev 目录下的信息如图 6.2 所示。

```
test@ubuntu:~$ ls /dev/sd*
/dev/sda  /dev/sda1  /dev/sda2  /dev/sda5  /dev/sdb
```

图 6.2　查看新添加的硬盘

从上面的查询结果可以看到有 sda 和 sdb 两块硬盘。还可以使用 sudo fdisk -l 查看分区表信息,结果如图 6.3 所示。

从查询结果可以看到 sda 这块硬盘有 3 个分区:sda1 是主分区,sda2 和 sda5 是 Ubuntu 安装程序自动创建的扩展分区和交换分区。sdb 硬盘的分区表是空的,还没有分区和格式化。

图 6.3　查看新添加硬盘的分区表信息

6.3.3　创建硬盘分区

执行 sudo fdisk /dev/sdb 命令对 sdb 分区。将 sdb 硬盘分成两个区：4GB 和 6GB。fdisk 命令有很多参数，常用的参数如表 6.1 所示。

表 6.1　fdisk 命令参数

参　　数	说　　明
a	设置分区为启动分区
d	删除分区
l	显示支持的分区类型
m	显示帮助信息
n	新建分区
p	显示磁盘的分区表
q	退出不保存
t	改变分区的类型号码
u	改变分区大小的显示方式
v	检验磁盘的分区列表
w	保存退出
x	进入专家模式

在分区的过程中，一般先输入"m"，查看各个参数的说明，结果如图 6.4 所示。

图 6.4　查看各个参数

然后通过"p"参数,查看硬盘的分区表信息,根据分区表信息确定接下来的分区,结果如图 6.5 所示。

```
Command (m for help): p
Disk /dev/sdb: 5.4 GiB, 5793636352 bytes, 11315696 sectors
Units: sectors of 1 * 512 = 512 bytes
Sector size (logical/physical): 512 bytes / 512 bytes
I/O size (minimum/optimal): 512 bytes / 512 bytes
Disklabel type: dos
Disk identifier: 0xfa4d4f2c
```

图 6.5　查看分区表信息

从如图 6.5 所示的结果可以看到,sdb 这块硬盘还没有分区,可以通过"n"参数来新建分区,分区类型为主分区,分区编号为 1,起始扇区默认为 2048,最后扇区为 8388608,分区大小为 4GB。结果如图 6.6 所示。

```
Command (m for help): n
Partition type
   p   primary (0 primary, 0 extended, 4 free)
   e   extended (container for logical partitions)
Select (default p): p
Partition number (1-4, default 1): 1
First sector (2048-20971519, default 2048):
Last sector, +sectors or +size{K,M,G,T,P} (2048-20971519, defa
ult 20971519): 8388608

Created a new partition 1 of type 'Linux' and of size 4 GiB.
```

图 6.6　创建第一个分区

按照上面的步骤,在剩余硬盘空间上新建第二个分区,分区类型为主分区,分区编号为 2,起始扇区默认为 8388609,最后扇区为 20971519,分区大小为 6GB。分区之后,使用"p"参数再来查看分区表信息,结果如图 6.7 所示。

```
Command (m for help): p
Disk /dev/sdb: 10 GiB, 10737418240 bytes, 20971520 sectors
Units: sectors of 1 * 512 = 512 bytes
Sector size (logical/physical): 512 bytes / 512 bytes
I/O size (minimum/optimal): 512 bytes / 512 bytes
Disklabel type: dos
Disk identifier: 0xd63458d2

Device     Boot    Start      End Sectors Size Id Type
/dev/sdb1           2048  8388608 8386561   4G 83 Linux
/dev/sdb2       12582911 20971519 8388609   4G 83 Linux
```

图 6.7　查看分区表信息

从如图 6.7 所示的结果可以看到 sdb 这块硬盘已经分成两个分区 sdb1 和 sdb2,分区完成后,使用"w"参数保存并退出,否则之前的分区无效。

6.3.4　为各分区创建文件系统

分区完成后,需要对分区格式化,创建的文件系统才能正常使用。格式化分区的主要命令是 mkfs。mkfs 命令格式如下:

mkfs-t[文件系统格式] 设备名

其中,选项-t 的参数用来指定文件系统格式,如 EXT3、NFS 等;设备名称如/dev/sdb1、/dev/sdb2 等。对/dev/sdb1 分区格式化的过程如图 6.8 所示。

然后按照相同的步骤对/dev/sdb2 分区格式化。

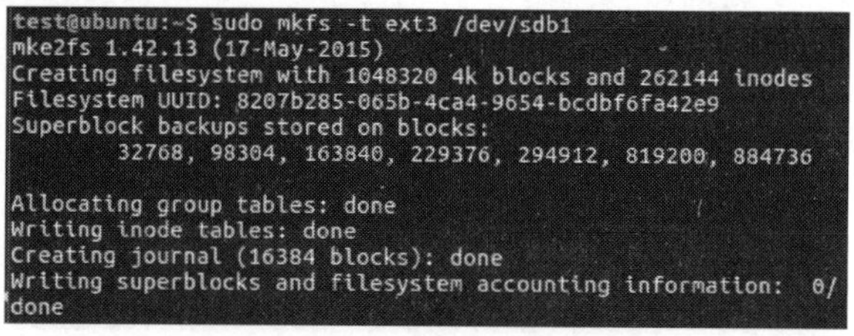

```
test@ubuntu:~$ sudo mkfs -t ext3 /dev/sdb1
mke2fs 1.42.13 (17-May-2015)
Creating filesystem with 1048320 4k blocks and 262144 inodes
Filesystem UUID: 8207b285-065b-4ca4-9654-bcdbf6fa42e9
Superblock backups stored on blocks:
        32768, 98304, 163840, 229376, 294912, 819200, 884736

Allocating group tables: done
Writing inode tables: done
Creating journal (16384 blocks): done
Writing superblocks and filesystem accounting information:  0/
done
```

图 6.8　格式化/dev/sdb1 分区

6.3.5　挂载磁盘分区

在使用磁盘分区前，需要挂载该分区。挂载时，需要指定挂载的设备和挂载点。挂载点就是目录文件，一般放在/mnt 或者/media 目录下。挂载磁盘分区的命令为 mount，mount 命令格式如下。

```
mount [选项] 设备名 挂载点
```

mount 命令常用的选项如下。

a：加载文件/etc/fstab 中设置的所有设备。

f：不实际加载设备。

F：需与-a 参数同时使用。

h：显示在线帮助信息。

n：不将加载信息记录在/etc/mtab 文件中。

o：指定加载文件系统时的选项。

t：指定设备的文件系统类型。

在挂载分区前，需要新建挂载点，在/mnt 目录下新建两个目录，作为分区的挂载点，命令的执行过程和结果如图 6.9 所示。

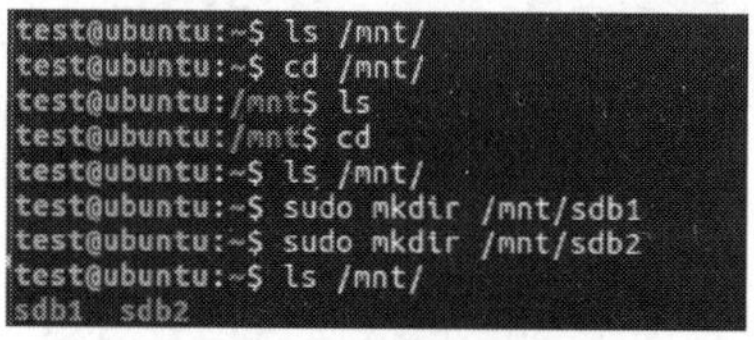

```
test@ubuntu:~$ ls /mnt/
test@ubuntu:~$ cd /mnt/
test@ubuntu:/mnt$ ls
test@ubuntu:/mnt$ cd
test@ubuntu:~$ ls /mnt/
test@ubuntu:~$ sudo mkdir /mnt/sdb1
test@ubuntu:~$ sudo mkdir /mnt/sdb2
test@ubuntu:~$ ls /mnt/
sdb1  sdb2
```

图 6.9　新建两个挂载点

使用 mount 命令将/dev/sdb1 分区挂载到 mnt/sdb1，/dev/sdb2 分区挂载到 mnt/sdb2，命令的执行过程和结果如图 6.10 所示。

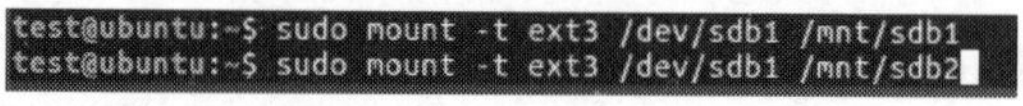

```
test@ubuntu:~$ sudo mount -t ext3 /dev/sdb1 /mnt/sdb1
test@ubuntu:~$ sudo mount -t ext3 /dev/sdb1 /mnt/sdb2
```

图 6.10　挂载磁盘分区

挂载分区后，就可以使用该分区了。

6.3.6 挂载 USB

在/mnt 目录下新建/mnt/usb 目录,作为 USB 移动设备的挂载点,插入 USB 设备后,Linux 系统将其识别为 SCSI 设备,分区自动命名为/dev/sdc,使用 mount 命令挂载,命令的执行过程如图 6.11 所示。

```
test@ubuntu:~$ sudo mount -o iocharset=utf8 /dev/sdc ./mnt/usb
```

图 6.11   挂载 USB

在图 6.11 中,如果不加-o iocharset=utf8 选项,则 USB 中的中文显示为乱码。

6.3.7 卸载磁盘分区

卸载磁盘的命令为 umount,卸载时只需要一个参数,可以是设备名,也可以是挂载点。umount 命令的格式如下。

mount 设备名或挂载点

例如,卸载 USB 设备,该设备挂载到/mnt/usb,那么可以直接卸载设备,也可以通过挂载点卸载。命令如下。

```
# sudo umount /mnt/usb
或者
# sudo umount /dev/sdc1
```

6.4   磁盘配额管理

Linux 系统发行版本中常常使用 quota 来对用户进行磁盘配额管理。磁盘配额是管理员为普通用户设置的使用磁盘的限制,每个用户只能使用有限的磁盘空间。通过磁盘配额的设置,管理员可以很清楚地了解每个用户的磁盘使用情况。同时,也避免了某些用户因为存储垃圾文件浪费磁盘空间导致其他用户无法正常工作。

6.4.1 查看内核是否支持配额

在配置磁盘配额前,需要检查系统内核是否支持 quota,首先要进入/boot 下查看配置文件的名字,之后查看 Ubuntu 16.04 的内核是否支持配额的命令如下。

```
# ls /boot/
# grep CONFIG_QUOTA /boot/config-4.13.0-36-generic(即配置文件的名字)
```

在查看结果中 CONFIG_QUOTA 和 CONFIG_QUOTACTL 两项都等于 y,说明当前的内核支持 quota。

```
# CONFIG_QUOTA = y
# CONFIG_QUOTACTL = y
```

6.4.2　安装磁盘配额工具

在 Ubuntu 系统中，配额软件默认是没有安装的，想要管理硬盘配额，需要安装 quota 和 quotatool 软件包。可以直接使用下面的命令来进行安装。

```
#apt - get install quota quotatool
```

6.4.3　激活分区的配额功能

磁盘配额是区域性的，首先要决定在哪块分区进行磁盘配额。在选择分区后，要让分区的文件系统支持配额，就要修改/etc/fstab 文件。

在之前新建的磁盘分区/dev/sdb1 启用磁盘配额，该分区为 EXT3 文件系统，挂载到/mnt/sdb1，那么使用如下命令修改/etc/fstab 文件。

```
# sudovi /etc/fstab
```

在/etc/fstab 文件末尾添加如下行。

```
/dev/sdb1 /mnt/sdb1 ext3 defaults,usrquota   1   1
```

表示把/dev/sdb1 这个分区挂载到/mnt/sdb1 下，并使用用户磁盘配额。其中，usrquota 表示对用户进行限额，如果要对组限额，则使用 grpquota。/etc/fstab 文件只有系统启动的时候才会被读取，可以重启系统让/etc/fstab 文件生效，或执行如下命令。

```
# sudo mount - a
```

6.4.4　建立配额数据库

实现磁盘配额，系统必须生成并维护相应的数据库文件。实现用户磁盘配额，用户的配额设置信息及磁盘使用的块、索引节点等相关信息被保存在 aquota. user 数据库中；实现组磁盘配额，组的配额设置信息及磁盘使用的块、索引节点等相关信息被保存在 aquota. grp 数据库中。

使用 quotacheck 命令初始化配额数据库，其命令格式如下。

```
quotacheck [选项] [设备名或挂载点]
```

其中常用选项及含义如下。

u：创建用户配额数据库。

g：创建组配额数据库。

a：不用指明具体的分区，在启用配额功能的所有文件系统上创建数据库。

v：显示创建过程。

在/mnt/sdb1 中创建用户的数据库文件 aquota. user，命令的执行过程如图 6.12 所示。

创建的数据库文件 aquota. user 放在/mnt/sdb1 目录下，如图 6.13 所示。

6.4.5　启动磁盘配额

使用 quotaon 命令启动磁盘配额，其命令格式如下。

```
test@ubuntu:/mnt/sdb1$ sudo quotacheck -aguv
quotacheck: Your kernel probably supports journaled quota but you are not using
it. Consider switching to journaled quota to avoid running quotacheck after an u
nclean shutdown.
quotacheck: Scanning /dev/sdb1 [/mnt/sdb1] done
quotacheck: Cannot stat old user quota file /mnt/sdb1/aquota.user: No such file
or directory. Usage will not be subtracted.
quotacheck: Old group file name could not been determined. Usage will not be sub
tracted.
quotacheck: Checked 2 directories and 0 files
quotacheck: Old file not found.
```

图 6.12　创建 aquota.user 文件

```
test@ubuntu:~$ ls /mnt/sdb1
aquota.user  lost+found
test@ubuntu:~$
```

图 6.13　查看/mnt/sdb1 目录

quotaon [选项][设备名或挂载点]

其中,常用选项及含义如下。

a:不用指明具体的分区,在启用配额功能的所有文件系统上创建数据库。

v:显示启动过程。

启动/mnt/sdb1 磁盘配额的命令如下。

♯ sudo quotaon - av

6.4.6　编辑用户磁盘配额

使用 edquota 命令来设置用户或组的磁盘配额,其命令格式如下。

edquota [选项][用户名或组名]

其中,常用选项及含义如下。

u:配置用户配额。

g:配置组配额。

t:编辑宽限时间。

p:复制 quota 资料到另一用户上。

配置 test 用户的磁盘配额,输入:

♯ sudo edquota - u test

出现编辑界面如图 6.14 所示。

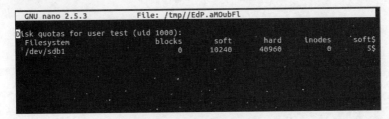
```
GNU nano 2.5.3          File: /tmp//EdP.aMOubFl

Disk quotas for user test (uid 1000):
  Filesystem              blocks       soft       hard     inodes      soft$
  /dev/sdb1                    0      10240      40960          0         5$
```

图 6.14　编辑用户配额

在编辑界面出现的相关参数的含义如下。

blocks：使用者（quota：uid＝1000）在/mnt/sdb1 所使用的空间，单位为 KB。

soft：soft limit 磁盘空间限定值，单位为 KB。

hard：hard limit 磁盘空间限定值，单位为 KB。

inodes：当前使用者使用的 inodes。

soft＄：soft limit 文档限制的数量。

hard＄：hard limit 文档限制的数量。

soft limit：最低限制容量，在宽限期之内，使用容量能够超过 soft limit，但必须在宽限期之内将使用容量降低到 soft limit 以下。

hard limit：最终限制容量，假如使用者在宽限期内继续写入数据，到达 hard limit 将无法再写入。

6.4.7　设定宽限期

使用容量超过 soft limit，宽限时间自动启动，使用者将容量降低到 soft limit 以下，宽限时间自动关闭，假如使用者没有在宽限时间内将容量降低到 soft limit，那么他将无法再写入数据，即使使用容量没有到达 hard limit。

编辑宽限时间的命令如下。

```
# sudo edquota - t
```

出现编辑界面如图 6.15 所示。

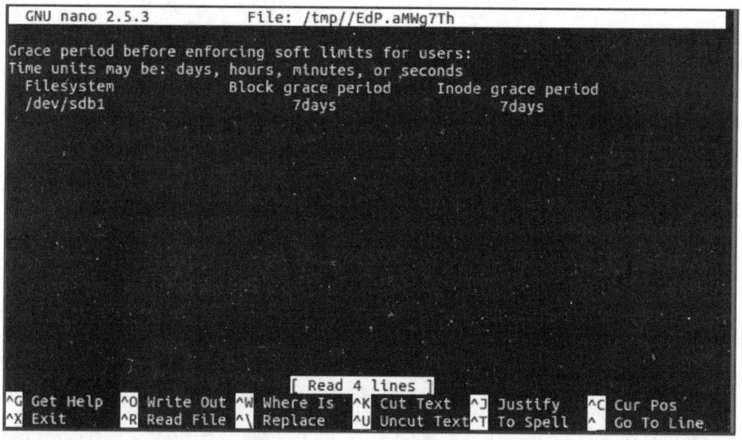

图 6.15　设定宽限时间

在编辑界面出现的相关参数的含义如下。

Block grace period：磁盘空间限制的宽限时间。

Inode grace period：文件数量的宽限时间。

6.4.8　其他配额功能

与磁盘配额相关的还有其他一些命令，例如，查看磁盘配额信息、复制磁盘配额信息、关闭磁盘配额、定期执行 quotcheck 等。

1. 查看磁盘配额信息

磁盘配额配置成功后,可以随时查看用户的磁盘使用情况,查看磁盘配额信息的命令和结果如图 6.16 所示。

图 6.16　查看磁盘配额信息

2. 复制磁盘配额信息

如果对批量用户设置磁盘配额信息,可以通过磁盘配额的复制功能,将磁盘配额信息批量复制到其他用户。例如,将 test 用户的磁盘配额信息复制给用户 samba,命令的执行过程和结果如图 6.17 所示。

图 6.17　复制磁盘配额信息

3. 关闭磁盘配额

可以使用 quotaoff 命令终止磁盘配额的限制,例如,关闭/mnt/sdb1 磁盘空间配额的命令:

♯ sudo quotaoff /dev/sdb1

小　　结

磁盘管理是 Linux 系统中非常重要的内容。本章对 Linux 文件系统的概念、常用的磁盘管理命令以及磁盘配额的配置过程进行了介绍。

习　　题

1. 在 Linux 中,第二块 SCSI 硬盘的第二个逻辑分区被标识为(　　　)。

　　A. /dev/sda2　　　　　　B. /dev/sda6　　　　　　C. /dev/sdb2　　　　　　D. /dev/sdb6

2. 将光盘 CD-ROM(hdc)挂载到文件系统的/mnt/cdrom 目录下的命令是(　　　)。

　　A. mount /mnt/cdrom　　　　　　　　　B. mount /mnt/cdrom /dev/hdc

　　C. mount /dev/hdc /mnt/cdrom　　　　　D. mount /dev/hdc

3. 将/dev/sdb1 卸载的命令是(　　　)。

　　A. umount /dev/sdb1　　　　　　　　　B. unmount /dev/sdb1

　　C. umount /mnt/sdb1 /dev/sdb1　　　　D. unmount /mnt/sdb1 /dev/sdb1

4. 一般来说,使用 fdisk 命令的最后一步是使用(　　　)选项命令将改动写入硬盘的当前分区表中。

    A. p   B. r   C. x   D. w

5. 在 Linux 系统中,下列关于磁盘配额功能的说法错误的是(　　)。

    A. 要实现磁盘配额,必须在系统中安装 quota 软件包

    B. 对磁盘配额的限制一般是从一个用户占用的磁盘大小和用户拥有文件的数量两个方面来进行的

    C. quota 可以对系统中的某个用户进行磁盘配额的设置,也可以对系统中某个用户组进行磁盘配额的设置

    D. 当用户占用的磁盘空间或拥有的文件数量达到硬限制设置时,会接到警告信息,但仍可以继续正常使用系统

6. 常用的 Linux 文件系统有哪些? 各有什么特点?

7. 分区的最小单位是什么?

8. IDE 磁盘上有两个主分区,一个扩展分区,在扩展分区上又分了三个逻辑分区,这些分区在 Linux 系统中的命名方式是怎样的?

9. 上机练习:熟悉 Linux 的磁盘的基本管理及磁盘配额的方法。

实验 6-1　　在虚拟机中挂载文件系统

1. 实验目的

熟悉在虚拟机 VirtualBox 中挂载文件系统。

2. 实验内容

(1) 在虚拟机中添加两块 SCSI 硬盘,容量各为 10GB。

(2) 查看 Ubuntu 为新添加的硬盘分配的文件名。

(3) 对两块硬盘进行分区、创建文件系统。

(4) 使用 mount 命令挂载文件系统。

(5) 查看挂载的所有文件系统。

实验 6-2　　磁盘配额的配置

1. 实验目的

熟悉磁盘配额的配置方法。

2. 实验内容

(1) 激活分区的配额功能。

(2) 建立配额数据库。

(3) 启动磁盘配额。

(4) 编辑用户磁盘配额。

(5) 验证配额功能。

第7章 | Linux 引导及进程管理

本章学习目标

- 了解 Linux 系统的引导过程。
- 了解 Ubuntu 系统的运行级别。
- 了解 Ubuntu 系统的内存管理。
- 熟悉 Ubuntu 系统的进程管理。

本章介绍 Linux 系统的引导流程以及 Linux 系统的运行级别。Linux 是一种多用户、多任务的操作系统。在这样的系统中,各种资源的分配和管理都以进程为单位。为了协调多个进程对这些资源的访问,操作系统要跟踪所有进程的活动,从而实施对进程的动态管理。

7.1 Linux 引导流程

7.1.1 系统引导

Linux 系统的引导过程包括很多阶段。不管是引导一个标准的桌面系统,还是引导一台嵌入式的 Power PC,引导流程都大致相同,只是在细节上略有差异。Linux 系统的引导过程大致如图 7.1 所示。

1. 开机自检

计算机在接通电源之后首先由 BIOS 进行自检,然后依据 BIOS 内设置的引导顺序从硬盘、软盘或 CD ROM 中读入“引导块”。BIOS 由两部分组成:加电自检(POST)代码和运行时服务。当 POST 完成之后,它被从内存中清理了出来,但是 BIOS 运行时服务依然保留在内存中,目标操作系统可以使用这些服务。要引导一个操作系统,BIOS 运行时会按照CMOS 设置定义的顺序来搜索处于活动状态并且可以引导的设备。引导设备可以是 CD-ROM、硬盘上的某个分区、网络上的某个设备,甚至是 USB 设备。

2. MBR 引导

Linux 一般都是从硬盘上引导的,其中,主引导记录(MBR)中包含主引导加载程序。MBR 是一个 512B 大小的扇区,位于磁盘上的第一个扇区中(0 道 0 柱面 1 扇区)。当 MBR 被加载到 RAM 中之后,BIOS 就会将控制权交给 MBR。

3. GRUB

引导加载程序会引导操作系统。当引导它的操作系统时,BIOS 会读取引导介质上最前面的 512B 即主引导记录。在单一的 MBR 中只能存储一个操作系统的引导记录。

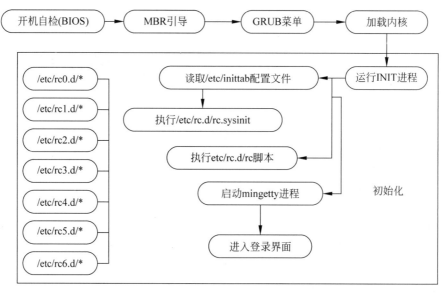

图 7.1 Linux 系统的引导流程

4. 加载内核

当内核映像被加载到内存之后,内核阶段就开始了。内核映像并不是一个可执行的内核,而是一个压缩过的内核映像。通常它是一个 zImage(压缩映像,小于 512KB)或一个 bzImage(较大的压缩映像,大于 512KB),它是提前使用 zlib 进行压缩过的。在这个内核映像前面是一个例程,它实现少量硬件设置,并对内核映像中包含的内核进行解压,然后将其放入高端内存中,如果有初始 RAM 磁盘映像,就会将它移动到内存中,并标明以后使用。然后该例程会调用内核,并开始启动内核引导的过程。

5. 运行 INIT 进程

INIT 进程是系统所有进程的起点,内核在完成核内引导以后,即在本线程(进程)空间内加载 INIT 程序,它的进程号是 1。INIT 进程是所有进程的发起者和控制者。因为在任何基于 UNIX 的系统中,它是第一个运行的进程,所以 INIT 进程的编号 PID 永远是 1。如果 INIT 出现了问题,系统的其余部分也就随之而垮掉了。

INIT 进程有两个作用。第一个作用是扮演终结父进程的角色。因为 INIT 进程永远不会被终止,所以系统总是可以确信它的存在,并在必要的时候以它为参照。如果某个进程在它衍生出来的全部子进程结束之前被终止,就会出现必须以 INIT 为参照的情况。此时那些失去了父进程的子进程就都会以 INIT 作为它们的父进程。

INIT 的第二个作用是在进入某个特定的运行级别(Runlevel)时运行相应的程序,以此对各种运行级别进行管理。它的这个作用是由/etc/inittab 文件定义的。

6. 通过/etc/inittab 文件进行初始化

INIT 进程是根据/etc/inittab 来执行相应的脚本进行系统初始化,如设置键盘、字体,装载模块,设置网络等。INIT 执行的第一个脚本是/etc/rc. d/rc. sysini,/etc/rc. d/rc. sysinit 主要在各个运行级别中做相同的初始化工作,包括设置初始的 $PATH 变量、配置网络、设置主机名、检查 root 文件系统即配额、设置时钟、检查文件系统等。

7. 执行/etc/rc.d/rc 脚本

INIT 进程在运行时将读取系统引导配置文件/etc/inittab 中的信息。这些信息包括默认的运行级别,对每一个运行级别来说,在/etc 目录中都有一个对应的下级目录。这些运行级别的下级子目录的命名方法是 rcX.d,其中的 X 就是代表运行级别的数字。

在各个运行级别的子目录中,都建立有到/etc/init.d 子目录中命令脚本程序的符号链接,但是,这些符号链接并不使用命令脚本程序在/etc/init.d 子目录中原来的名字。如果命令脚本程序是用来启动一个服务的,其符号链接的名字就以字母 S 开头;如果命令脚本程序是用来关闭一个服务的,其符号链接的名字就以字母 K 开头。在许多情况下,这些命令脚本程序的执行顺序都很重要。例如,如果没有先配置网络接口,就没有办法使用 DNS 服务解析主机名。为了安排它们的执行顺序,在字母 S 或者 K 的后面紧跟着一个两位数字,数值小的在数值大的前面执行,如图 7.2 所示。

图 7.2　/etc/rc2.d/目录

当/etc/rc.d/rc 运行通过每个特定的运行级别子目录的时候,它会根据数字的顺序依次调用各个命令脚本程序执行。它先运行以字母 K 开头的命令脚本程序,然后再运行以字母 S 开头的命令脚本程序。对以字母 K 开头的命令脚本程序来说,会传递 Stop 参数;类似地,对以字母 S 开头的命令脚本程序来说,会传递 Start 参数。

8. 启动 mingetty 进程

/etc/rc.d/rc 执行完毕后,返回 INIT 进程。这时基本系统环境已经设置好了,各种守护进程也已经启动了。INIT 进程接下来会打开登录界面,以便用户登录系统。在 Ubuntu 中默认为图形界面,但可以通过按 Alt+Fn(n 对应 1～6)组合键切换到 6 个终端上。

7.1.2　Ubuntu 的运行级别

Ubuntu 系统的运行级别与其他 Linux 系统的运行级别有些区别。Ubuntu 系统的运行级别如表 7.1 所示。

表 7.1　Ubuntu 的运行级别及含义

运 行 级 别	含　　义
0	关机
1	单用户模式
2	图形界面的多用户模式
3	图形界面的多用户模式
4	图形界面的多用户模式
5	图形界面的多用户模式
6	重新启动

从表 7.1 可以看出,Ubuntu 系统的运行级别 2～5 级是一样的,默认运行级别是 2,这与其他 Linux 系统是不同的。比如 Red hat Linux 的运行级别中,2、3 是字符界面,默认运行级别是 3。

Linux 引导及进程管理

修改运行级别的方式也不一样,Red hat Linux 只需修改/etc/inittab 文件。而 Ubuntu 系统默认没有/etc/inittab 文件,修改 Ubuntu 系统的运行级别可以通过以下两种方式。

1. 手动创建

Ubuntu 默认没有/etc/inittab 文件,需要手动创建/etc/inittab 文件,创建后,在该文件中添加内容:

id:3:initdefault

2. 修改/etc/init/rc-sysinit. conf

使用文本编辑器打开/etc/init/rc-sysinit. conf,修改该文件中"env DEFAULT _RUNLEVEL"的值。

7.1.3　关闭系统

1. 图形界面

在图形方式下,用鼠标在状态栏上单击 Ubuntu 按钮后,选择"关机"菜单选项,在弹出的对话框中单击"关闭"按钮即可轻松完成。

2. 命令行

在命令行中关闭系统,使用 shutdown 命令。

功能描述: 在命令行方式下,关闭系统。

语法:

shutdown [选项]

选项:shutdown 命令的选项如表 7.2 所示。

表 7.2　shutdown 命令选项及作用

选　　项	作　　用
-t	关机倒计时(s)
-r	系统关闭后重启
time	设置多长时间后执行 shutdown 命令。可以用绝对时间,如 hh:mm,或用相对时间,如+mm,如果要立即执行则用 now 表示
-c	将前一个 shutdown 命令取消

范例:

立即关机,命令执行过程如图 7.3 所示。

```
test@ubuntu:~$ sudo shutdown -h now
[sudo] password for test:
```

图 7.3　立即关机

取消前一个 shutdown 命令。当执行一个形如"shutdown -h 11:10"的命令时,只要按 Ctrl+C 组合键就可以中断关机的命令。若是执行形如"shutdown -h 11:10 &"的命令将 shutdown 转到后台时,则需要使用 shutdown -c 将前一个 shutdown 命令取消。命令执行过程如图 7.4 所示。

关机之后重新启动系统。命令执行过程如图 7.5 所示。

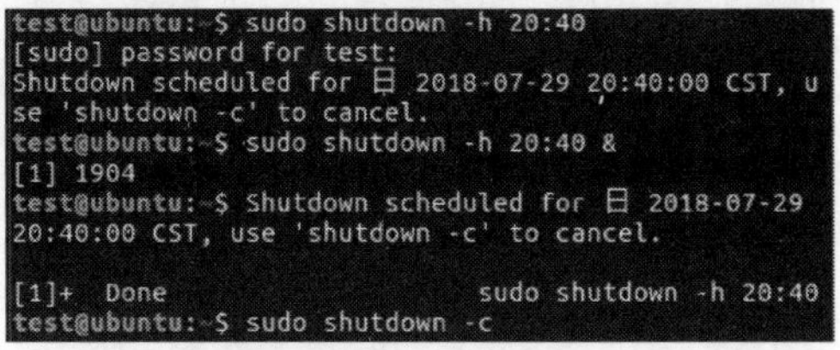

图 7.4 取消前一个 shutdown 命令

图 7.5 关机之后重启系统

多用户、多任务的操作系统在其关闭时系统所要进行的处理操作与单用户、单任务的操作系统有很大的区别；非正常关机对 Linux 操作系统的损害是非常大的,非法关机轻则使下次启动时要花一定的时间检查文件系统,重则造成根文件系统崩溃,甚至无法进入 Linux 系统。因此,要养成良好的系统重启和关机习惯。

7.2 Linux 内存管理

内存是 Linux 内核所管理的最重要的资源之一,内存管理系统是操作系统中最为重要的部分。对于 Linux 的学习者来说,熟悉 Linux 的内存管理非常重要。

7.2.1 物理内存和虚拟内存

直接从物理内存读写数据要比从硬盘读写数据快得多,用户希望所有数据的读取和写入都在内存完成,但是内存的空间是有限的,所以就有了物理内存与虚拟内存。物理内存就是系统硬件提供的内存大小,是真正的内存,虚拟内存就是使用硬盘作为物理内存 RAM 的扩展,在硬盘空间中虚拟出的一块逻辑内存,使可用内存相应地有效扩大。Linux 系统支持虚拟内存。用作虚拟内存的磁盘空间被称为交换分区(Swap Space)。

作为物理内存的扩展,Linux 会在物理内存不足时,使用交换分区的虚拟内存,也就是说,内核会将暂时不用的内存块信息写到交换分区,这样一来,物理内存得到了释放,这块内存就可以用于其他目的,当需要用到原始的内容时,这些信息会被重新从交换空间读入物理内存。

Linux 的内存管理采取的是分页存取机制,为了保证物理内存能得到充分的利用,内核会在适当的时候将物理内存中不经常使用的数据块自动交换到虚拟内存中,而将经常使用的信息保留到物理内存。

首先,Linux 系统会不时进行页面交换操作,以保持尽可能多的空闲物理内存,即使并没有什么事情需要内存,Linux 也会交换出暂时不用的内存页面。这可以避免等待交换所需的时间。

其次,Linux 进行页面交换是有条件的,不是所有页面在不用时都交换到虚拟内存,Linux 内核根据"最近最经常使用"算法,仅仅将一些不经常使用的页面文件交换到虚拟内存,有时会出现这样一个现象:Linux 物理内存空间剩余很多,但是交换分区却使用了很多空间,剩余空间较少。例如,一个占用很大内存空间的进程运行时,需要耗费很多内存资源,此时就会有一些不常用页面文件被交换到虚拟内存中,后来这个占用很多内存资源的进程结束并释放了很多内存,但刚才被交换出去的页面文件并不会自动地交换进物理内存,此时系统物理内存就会空闲很多,但交换分区却一直在被使用。

最后,交换分区的页面在使用时会首先被交换到物理内存,如果此时没有足够的物理内存来容纳这些页面,它们又会被马上交换出去,如此一来,虚拟内存中可能没有足够空间来存储这些交换页面,最终会导致 Linux 出现假死机、服务异常等问题,Linux 虽然可以在一段时间内自行恢复,但是恢复后的系统已经基本不可用了。

因此,合理规划和设计 Linux 内存的使用,是非常重要的。

7.2.2 虚拟内存实现机制及之间的关系

由 7.2.1 节可知实现虚拟内存对操作系统的性能提升和减少物理内存开销有着至关重要的作用,所以在 Linux 操作系统中建立许多机制用来实现虚拟内存核心机制如下。

地址映射机制:地址映射机制建立了物理内存,虚拟内存和辅存(磁盘等硬件)之间的关联,并且完成三者之间的地址转换。其中,既包括磁盘文件到虚拟内存的地址映射,也包含虚拟内存到物理内存的地址映射。

请页机制:Linux 使用请页机制来节约物理内存,因为真正的物理内存是相对较小的,通过该机制仅仅把当前系统运行所需地址空间的少量页装入物理内存,在一个程序运行的时候,CPU 会首先访问文件的虚拟地址。如果该虚拟地址有效,而其对应的页并不在物理内存里,就会发生缺页异常,这时就要将对应的请求页从交换文件或者磁盘内装入物理内存。当然如果该地址超出物理内存地址范围就会无效。

内存回收和分配机制:在 Linux 操作系统中,对已经完成使用的内存地址要进行回收,等待下次程序任务需要的时候再进行重新分配,这是避免内存不足的重要机制。

交换机制:在安装 Linux 操作系统的时候总会分配一个交换分区,这个分区是将磁盘内的一部分用作虚拟内存的硬盘。在内存管理中,往往会将暂时不用的内存里的内容写在该交换空间里,来节省内存空间的开销。当需要使用到这些内容的时候再从交换空间读取到内存当中去。这样一来空闲出来的内存就可以用来进行其他的任务了。

缓存和刷新机制:为了提高系统性能,除了在硬件上使用更快的 CPU 和内存外,性价比最高的方法就是在高速缓存中保存有用的信息数据用来加快某些进程任务。刷新机制包括 TLB 的刷新和缓存的刷新。主要完成两项工作:第一是保证内存管理的硬件所查看到的进程的内核映射和其内核表相一致,第二是保证在用户进程页修改之后,用户进程在执行前能够在缓存中得到正确的数据信息。

上述这几种机制之间的关系如图 7.6 所示,首先操作系统的内核使用地址映射机制将进程的虚拟地址空间映射到物理地址空间,在程序运行的时候需要使用某个内存页,如果该页并没有与物理内存进行关联,那么就要通过请页机制实现该关联。如果内存中存在了已经完成任务而空闲下来的内存,就会进行内存的回收,并将该物理页面缓存起来等待下次的分配。如果系统中的内存不够,那么就会通过交换机制腾出内存,然后地址映射会使用 TLB 寻找到物理页面。与此同时使用交换缓存把物理页面内容交换到交换文件并修改交换页表映射内容文件地址。

刷新和缓存
[6]
[8]
[3]
地址映射
[1]
请页机制
交换机制
[2]
[5]
内存的分配和回收
[4]
[7]

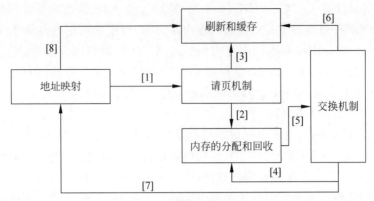

图 7.6　几种机制之间的关系

7.2.3　内存的监视

监视内存的使用状态是非常重要的，通过监视有助于了解内存的使用状态，比如内存占用是否正常、内存是否紧缺等，监视内存最常使用的命令有 free、top 等。

范例：使用 free 命令查看内存的使用状态。命令执行结果如图 7.7 所示。

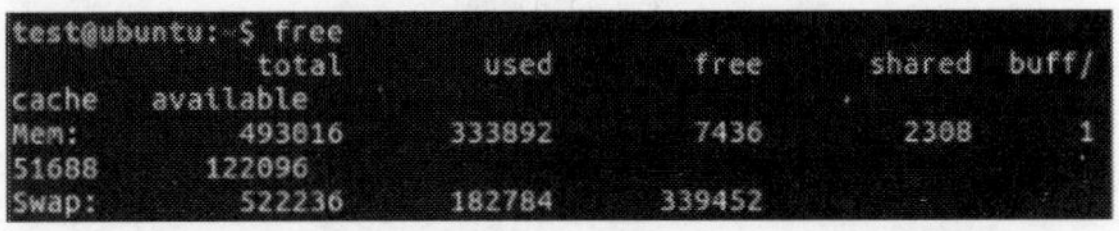

test@ubuntu:~$ free
total used free shared buff/
cache available
Mem: 493016 333892 7436 2308 1
51688 122096
Swap: 522236 182784 339452

图 7.7　使用 free 命令查看内存的使用状态

下面解释一下 free 命令的输出结果，第一行的 total、used、free、shared、buff、cache 的含义如下。

total——物理内存空间的总量。

used——已经使用的物理内存空间。

free——空闲的物理内存空间。

shared——多个进程共享的内存。

buff/cache——磁盘缓存的大小。

第二行的 Mem 的含义如下。

Mem——代表物理内存使用情况。

第三行的(－/＋buffers/cached)的含义如下。

－/＋buffers/cached——代表磁盘缓存使用状态。

第四行的 Swap 的含义如下。

Swap——交换分区内存使用状态。

free 命令输出的内存状态，可以通过两个角度来查看：一个是从内核的角度来看；另一个是从应用层的角度来看的。

1. 从内核的角度

内核目前可以直接分配到内存，不需要额外的操作。从图 7.7 中可以看到，free 命令输出中第二行 Mem 项的值中，系统物理内存有 1GB，空闲的内存只有 176 088KB，也就是

170MB 左右,如果计算 1 024 808KB－848 720KB＝176 088KB,也就是总的物理内存减去已经使用的物理内存得到的就是空闲的物理内存大小,这里的可用内存值 176 088KB 并不包含处于 buffers 和 cached 状态的内存大小。虽然空闲的物理内存不多,但是内存的使用情况完全是由内核控制着,Linux 会在需要内存的时候,或在系统运行逐步推进时,将 buffers 和 cached 状态的内存变为 free 状态的内存,以供系统使用。

2．buffers 与 cached 的异同

在 Linux 操作系统中,当应用程序需要读取文件中的数据时,操作系统先分配一些内存,将数据从磁盘读入到分配的内存中,然后再将数据分发给应用程序;当需要向文件中写数据时,操作系统先分配内存接收用户数据,然后再将数据从内存写到磁盘上。然而,如果有大量数据需要从磁盘读取到内存或者由内存写入磁盘时,系统的读写性能就变得非常低下,因为无论是从磁盘读数据,还是写数据到磁盘,都是一个很消耗时间和资源的过程,在这种情况下,Linux 引入了 buffers 和 cached 机制。

buffers 与 cached 都是内存操作,用来保存系统曾经打开过的文件以及文件属性信息,这样当 Linux 系统需要读取某些文件时,会首先在 buffers 与 cached 内存中查找,如果找到,直接将文件读出并传送给应用程序;如果没有找到需要的数据,才从磁盘读取,这就是 Linux 系统的缓存机制,通过缓存,可以提高系统的性能。但 buffers 与 cached 缓冲的内容却是不同的。

buffers 是用来缓冲块设备的,它只记录文件系统的元数据(metadata)以及 tracking in-flight pages,而 cached 是用来给文件做缓冲。简单地说,buffers 主要用来存放目录里面有什么内容,包括文件的属性以及权限等;而 cached 直接用来存放打开过的文件和程序。可以通过下面的方法进行验证:使用 vi 打开一个非常大的文件,看看 cached 的变化,然后再次使用 vi 打开这个文件,第二次打开的速度会明显快于第一次。执行下面的命令:

```
＃find / * － name * .conf
```

查看 buffers 的值的变化,然后重复执行 find 命令,第二次打开的速度会明显快于第一次。

Linux 操作系统的内存运行原理,是根据服务器的需求来设计的,系统的缓冲机制会把经常使用到的文件和数据缓存在 cached 中,Linux 总是在力求缓存更多的数据和信息,这样再次需要这些数据时就可以直接从内存中取,而不需要有一个漫长的磁盘操作,这种设计思路提高了系统的整体性能。

7.2.4　交换分区 swap 的使用

合理地规划和使用 swap 分区,对系统稳定运行至关重要。Linux 系统可以使用文件系统中的一个常规文件或者一个独立分区作为交换空间使用。同时 Linux 系统允许使用多个交换分区或者交换文件。

1．从内核的角度

内核目前可以直接分配到内存,不需要额外的操作。从图 7.7 中可以看到,free 的命令输出中第二行 Mem 项的值中,系统物理内存有 493 016KB,可用的内存(available)有 122 096KB。可用内存值 122 096KB 并不包含处于 buffers 和 cached 状态的内存大小。虽

然空闲的物理内存不多,但是内存的使用情况完全是由内核控制着,Linux 会在需要内存的时候或在系统运行逐步推进时,将 buffers 和 cached 状态的内存变为 free 状态的内存,以供系统使用。

2. 从应用层的角度

Linux 系统中运行的应用程序可以使用的内存大小,就是 free 命令第三行"(一/+buffershed)"的输出,从图 7.7 中可以看到,系统已经使用的内存才 333 892KB,而空闲的内存为 7436KB,继续做这样一个计算:7436KB+51688KB=59124KB。通过这个等式可以了解到,应用程序可用的物理内存值是 Mem 项的 free 值加上 buffers 和 cached 值之和,也就是说,"一/+buffers/cached"的 free 值是包括 buffers 和 cached 项大小的,对于应用程序来说,buffers/cached 占有的内存是可用的,因为 buffers/cached 是为了提高文件读取的性能,当应用程序需要用到内存的时候,buffers/cached 会很快地被回收,以供应用程序使用。

if=表示输入文件或者设备名称。

of=表示输出文件或者设备名称。

ibs=bytes 表示一次读入 bytes 字节(即一个块大小为 bytes 字节)。

obs=bytes 表示一次写入 bytes 字节(即一个块大小为 bytes 字节)。

bs=bytes 表示同时设置读写块的大小,以 bytes 为单位,此参数可代替 ibs 和 obs。

count=blocks 表示仅复制 blocks 个块。

skip=blocks 表示从输入文件开头跳过 blocks 个块后再开始复制。

seek=blocks 表示从输出文件开头跳过 blocks 个块后再开始复制。

范例:创建交换文件,大小为 6.5MB,输入设备/dev/zero,读写块 1024B。命令的执行过程如图 7.8 所示。

```
test@ubuntu:~$ sudo dd if=/dev/zero of=/data/swapfile bs=1024
count=6553
6553+0 records in
6553+0 records out
6710272 bytes (6.7 MB, 6.4 MiB) copied, 0.0323525 s, 207 MB/s
```

图 7.8　创建交换文件

3. 激活和使用 swap 分区

交换分区在使用前需要激活,激活前需要通过 mkswap 命令指定作为交换分区的设备或者文件。mkswap 命令的使用格式如下。

mkswap [参数][设备名称或文件][交换区大小]

其中,常用的参数及含义如下。

-c——建立交换区前,先检查是否有损坏的区块。

-v0——建立旧式交换区,此为预设值。

-v1——建立新式交换区。

交换区大小——指定交换区的大小,单位为 1024B。

范例:指定/data/swapfile 作为交换文件。命令的执行过程如图 7.9 所示。

使用 free 命令查看当前内存的使用,新建的交换文件还没有被使用。命令的执行过程如图 7.10 所示。

107

第2章

Linux 引导及进程管理

```
test@ubuntu:~$ sudo mkswap /data/swapfile
Setting up swapspace version 1, size = 6.4 MiB (6705152 bytes)
```

图 7.9   执行 mkswap 命令

```
test@ubuntu:~$ free
                total        used        free      shared  buff/
cache    available
Mem:        493016      298240       33560        5844       1
,61216      154124
Swap:       522236      234240      287996
```

图 7.10   新建的交换空间未使用

设置交换分区后，就可以使用 swapon 命令激活交换分区。然后再次使用 free 命令查看内存的使用状态。命令的执行过程如图 7.11 所示。

```
test@ubuntu:~$ sudo swapon /data/swapfile
swapon: /data/swapfile: insecure permissions 0644, 0600 sugges
ted.
test@ubuntu:~$ free
                total        used        free      shared  buff/
cache    available
Mem:        493016      298500       32752        5852       1
,61764      153864
Swap:       528784      233984      294800
```

图 7.11   激活交换分区

通过 free 命令可以看出，swap 大小已经由图 7.9 中的 522 236KB 增加到 528 784KB，增加了 36.5MB 左右，也就是增加的交换文件的大小，说明新增的交换分区已经可以使用了。但是如果 Linux 系统重启，新增的 swap 分区将变得不可用，此时需要编辑/etc/fstab 文件，在/etc/fstab 文件中添加如下代码，Linux 系统重启后就可以自动加载 swap 分区了。

/data/swapfile none swap sw 0 0

4. 删除 swap 分区

删除 swap 分区时使用 swapoff 命令。命令的执行过程如图 7.12 所示。

```
test@ubuntu:~$ sudo swapoff /data/swapfile
test@ubuntu:~$ free
                total        used        free      shared  buff/
cache    available
```

图 7.12   删除交换分区

通过 free 命令可以看出，swap 的大小减少了，也就是交换文件的大小减少了，说明新增的交换分区已经被删除了。

7.2.5   清理内存空间

随着操作系统使用时间的增加，不断地安装卸载应用软件和扩展操作系统的功能，伴随对系统的频繁操作，各种多余的安装包和垃圾文件对内存造成了不必要的占用。下面对于这些不必要的文件进行清理的命令进行介绍。

对于多余的安装包文件，一般都放在 /var/cache/apt/archives 内，可以先查看一下该文件中的安装包是否应该清除，具体如图 7.13 所示。

如果觉得下载的安装包太多，需要进行清除，可以使用如下命令进行全部清除，清除之后可以看到如图 7.14 所示，该文件已经清除了这些软件包。

```
# sudo   apt - get clean
```

图 7.13　下载的安装包

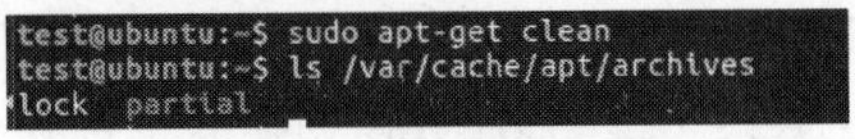

图 7.14　清除软件包

　　有时候当卸载了一个软件,那么只有该软件依赖的软件包就是一个多余的垃圾文件,这样的文件也是需要进行清理的。当然这样的软件包不会太多,但是为了以防万一,可以执行如图 7.15 所示的命令进行清除。

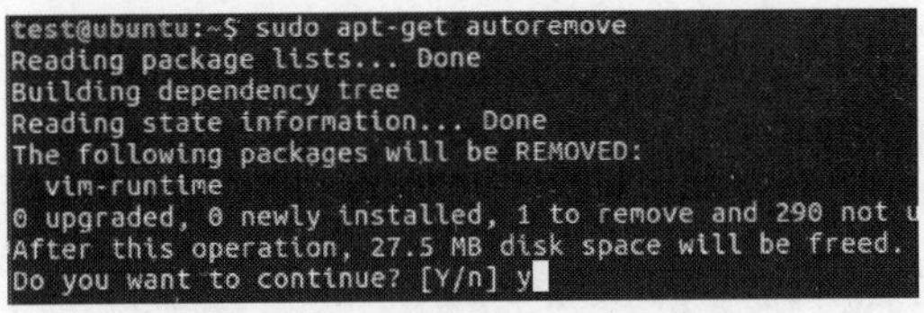

图 7.15　清除软件依赖的软件包

　　除了要清除多余的软件包之外,在更新了操作系统的版本或者更换了系统内核之后,原来的内核就成为无用的文件,这时候就需要对无用的内核文件进行清除,具体步骤如下。

```
# uname - r                                    //查看内核
# dpkg -- get - selections | grep linux         //查看所有内核信息
# sudo apt purge 内核文件名(image) 头文件名(header)   //清除内核
```

　　上面涉及的命令在系统的空闲内存较小的情况下使用,产生的效果会更加明显。

7.3　Linux 进程管理

7.3.1　进程的概念

　　简单地说,进程是指处于运行状态的程序。一个源程序经过编译、连接后,成为一个可以运行的程序。当该可执行的程序被系统加载到内存空间运行时,就称为进程。

7.3.2　进程与程序的关系

　　由 7.3.1 已经知道了进程的概念,那么类似微信、浏览器等应用程序和进程有什么关系呢?这些知识是学习任何一个操作系统都要明白的。

　　从进程和程序的关联来说,进程是一个程序和所支配的数据在计算机内的一次活动,这是一个运行的过程,是一个动态的概念。进程的运行结果是为程序服务的,每个运行的进程离开的程序,其存在是没有意义的。可以说程序是一组进程及其资源的有序集合,是一种静态的概念。也代表了两者实质上的不同。

进程是程序的一次执行,它在程序控制下不断地进行创建到消亡的过程是一种动态的转换。进程在操作系统中有一定的生命周期,并不会永远留在操作系统中。而程序是一组代码和数据的集合,是静态地留存在系统中的,只要不卸载删除是可以长期地保存的。

从交互关系来看,一个进程是可以服务一个或者多个程序的。比如连接网络的进程要服务于所有需要连接网络的程序。一个程序可以创建多个进程来实现其功能,进程也可以创建其他进程,但是程序不能生成新的程序。

从两者的具体组成来看,程序是一组有序的指令集合和数据资源,而进程则是由程序、数据资源和进程控制块(PCB)三部分组成。

明白两者的关系对操作系统的管理有十分重要的意义。

7.3.3 常用进程管理命令

1. 使用 ps 命令查看进程

ps 命令与 Linux 中的其他命令相比,其命令行选项特征比较特殊。ps 有五十多个用来定义 ps 命令行为的不同选项,而且不同版本的 Linux 开发了自己的 ps 命令,这些命令之间没有相同的命令行选项约定。Linux 版本的 ps 命令尽量设法适应具有不同 Linux 背景的人群,对于任意一个指定功能经常会有多个选项。

常用命令选项往往分为两类:一类有传统的引导连字号(UNIX 98 风格),一类没有(BSD 风格)。一个给定的功能经常由两者之一来代表。当组合多个单字母选项时,只有具有同类风格的选项才可以组合在一起。

1)进程选择

在默认情况下,ps 命令列出从用户终端上启动的所有进程。虽然这种做法在用户使用串行终端连接到 Linux 主机上时还是合理的,但是当每个在 X 图形环境中的终端窗口被看作是一个个单独的终端时,这就可能不太合适。表 7.3 中的命令行选项用来增加(或减少)ps 命令列出的进程。

表 7.3　用于进程选择的 ps 命令行选项

选　　项	列出的进程
-A,-e,-ax	所有进程
-C command	所有 command 的实例
-U,--user,--User user	修改用户组名
-t,--tty terminal	从 terminal 启动的所有进程
p,p,--pid N	pid NPid 为 N 的进程

2)输出选择

与进程相关的参数太多了,常常无法在宽度为 80 列的终端上显示,这时可以使用 ps 命令的输出选择选项,如表 7.4 所示。

表 7.4 输出选择的 ps 命令行选项

选　　项	输　出　格　式
-f	详尽列表
-l,1	长格式
-j,j	作业格式
-o,o,--format str	使用由 str 指定的字段,由用户定义格式

此外,表 7.5 中的命令行选项可以修改所选信息的显示方式。

表 7.5 信息显示方式的 ps 命令选项

选　　项	显　示　方　式
-H	显示进程层数
f,--forest	显示包括 ASCII 修饰的进程层次
h	不打印标题行
-w	"宽"输出(包含较长的命令名)

范例:显示进程树。命令的执行过程如图 7.16 所示。

图 7.16 显示进程树

2. 使用 top 命令监控进程

ps 命令仅显示它运行的那一刻指定进程的统计信息,top 命令则用来监控 Linux 进程的整体状态。

top 命令要从终端中运行。它会用当前运行进程一览表取代命令行,每隔几秒更新一次。top 命令会对任何按下的单键做出反应,而无须等待按下回车键。表 7.6 和表 7.7 分别列出了 top 的常用命令和常用选项。

表 7.6 常用 top 命令及作用

命　　令	作　　用
Q	退出
h 或?	帮助
s	设定两次更新之间的时间(以 s 为单位)
space	更新显示
M	根据内存大小对进程排序
P	根据 CPU(处理器)占用对进程排序
u	显示特定用户的进程
k	杀死进程(给进程发送信号)
r	更改进程优先级

表 7.7 top 命令的选项及作用

选 项	作 用
-d secs	在两次刷新之间延迟时间(默认为 5s)
-q	尽量经常刷新
-n	刷新 *N* 次后退出
-b	以"批处理方式"运行,好像是在哑终端上写入一样

3. 使用 kill 命令结束进程

kill 命令用来向其他进程发送自定义信号。它需要使用数字或符号命令行选项和 pid(进程 id)来调用,数字或符号命令行选项指定要发送的信号,pid 指定接收信号的进程。kill 命令的常用选项如表 7.8 所示。

表 7.8 kill 命令的选项及作用

选 项	作 用
-s	指定发送的信号
-p	模拟发送信号
-l	信号的名称列表

范例:显示信号的名称列表

命令的执行过程如图 7.17 所示。

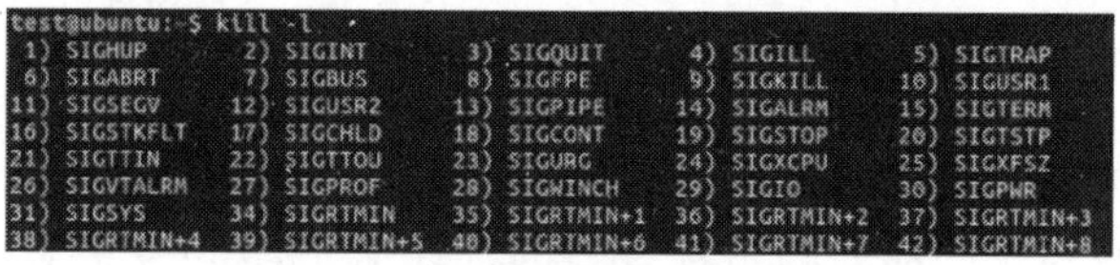

```
test@ubuntu:~$ kill -l
 1) SIGHUP       2) SIGINT       3) SIGQUIT      4) SIGILL       5) SIGTRAP
 6) SIGABRT      7) SIGBUS       8) SIGFPE       9) SIGKILL     10) SIGUSR1
11) SIGSEGV     12) SIGUSR2     13) SIGPIPE     14) SIGALRM     15) SIGTERM
16) SIGSTKFLT   17) SIGCHLD     18) SIGCONT     19) SIGSTOP     20) SIGTSTP
21) SIGTTIN     22) SIGTTOU     23) SIGURG      24) SIGXCPU     25) SIGXFSZ
26) SIGVTALRM   27) SIGPROF     28) SIGWINCH    29) SIGIO       30) SIGPWR
31) SIGSYS      34) SIGRTMIN    35) SIGRTMIN+1  36) SIGRTMIN+2  37) SIGRTMIN+3
38) SIGRTMIN+4  39) SIGRTMIN+5  40) SIGRTMIN+6  41) SIGRTMIN+7  42) SIGRTMIN+8
```

图 7.17 信号的名称列表

强制关闭进程 1791,给 pid 为 1791 的进程发送信号 9。命令的执行过程如图 7.18 所示。

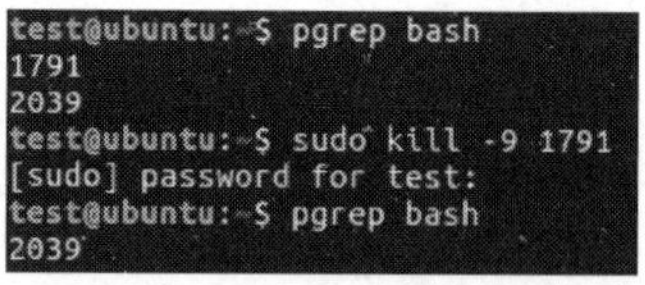

```
test@ubuntu:~$ pgrep bash
1791
2039
test@ubuntu:~$ sudo kill -9 1791
[sudo] password for test:
test@ubuntu:~$ pgrep bash
2039
```

图 7.18 使用 kill 命令终止进程

4. 使用 nice 命令启动低优先级

当进程启动时,nice 命令用来设置进程的优先级。

5. 使用 renice 命令改变正在运行的进程

renice 命令可用来改变一个正在运行的进程的优先级。进程可由 pid、用户名或组名来约定,renice 命令不同于 nice 命令,不期望把优先级指定为命令行选项,而是指定为选项。renice 命令的选项如表 7.9 所示。

表 7.9　renice 命令的选项及作用

选　项	作　用
-p	将剩余参数解释为 pid(默认)
-u	将剩余参数解释为用户名
-g	将剩余参数解释为 gid

6. 使用 jobs 命令显示后台执行的任务

显示当前正在后台执行的任务,得到相关的信息之后,可以对任务进行一步操作,如用 fg 命令调用前台程序运行,或者使用 kill 命令结束任务。jobs 命令的选项如表 7.10 所示。

表 7.10　jobs 命令的选项及作用

选　项	作　用
-p	列出进程 ID
-n	列出发生变化的进程 ID
-l	列出后台进程的所有信息

7. 使用 service 命令控制系统服务

service 是 Linux 中用来控制当前系统各种服务的实用命令,它可以显示系统中服务的状态,也可以开启、重启、停止、关闭系统服务。具体参数如表 7.11 所示。

语法:

service[服务名][参数]

表 7.11　service 命令的选项及作用

选　项	作　用
start	开启服务
restart	重新启动服务
stop	停止服务
status	显示服务状态
shutdown	关闭服务
--status-all	显示所有运行服务

8. 使用 export 命令增、删、改环境变量

export 命令是用来新增、修改或者删除环境变量的命令,执行完该命令后的环境变量会提供给后续的 Shell 程序使用,是一个常用的命令,而且效力很大,仅低于系统登录操作。具体参数如表 7.12 所示。

语法:

export[参数][变量名]=[变量值]

表 7.12　export 命令的选项及作用

选　项	作　用
-f	将变量名设置成函数名称
-n	使得该变量无法继续被使用
-p	列出所有环境变量

9. 使用 source 命令执行配置文件

source 命令通常用来重新执行刚修改的配置文件,使之能够不必重启系统就立即生效。它的一般用法就是 source filepath/. filepath,即执行文件中的配置并使之生效。

10. 使用 uname 命令显示相关信息

uname 命令用于显示当前系统的一些相关信息,包括主机名、使用的内核版本、系统的位数和类型等,常用的参数选项如表 7.13 所示。

语法:

export[参数]

表 7.13　uname 命令的选项及作用

选　　项	作　　用
-a	显示系统全部信息
-m	显示计算机类型位数
-n	显示在网络上的主机名
-r	显示系统的发行编号
-v	显示系统版本信息
-o	输出操作系统的名称

11. 进程的挂起与恢复

当执行一条命令的时间过长或者出现错误需要将该命令的执行进程挂起或者直接退出时,下面的方法就可以用到了。

```
#ctrl + c              //组合按键直接终止当前运行的进程
#ctrl + z              //组合按键挂起当前运行的进程
```

暂停进程还需要重新恢复,下面的命令可以将挂起的命令重新恢复执行。

```
#fg                    //将暂停的进程恢复到前台执行
#bg                    //将暂停的进程恢复到后台执行
```

掌握命令进程的状态转换,对于提高工作效率十分有效。

7.3.4　任务计划

当在终端或控制台工作时,不希望由于运行一个作业而占住了屏幕,因为可能还有更重要的事情要做,比如阅读电子邮件。对于密集访问磁盘的进程,希望它能够在每天的非负荷高峰时间段运行。为了使这些进程能够在后台运行,需要指定任务计划。

1. 守护进程 daemon

UNIX 的守护进程是那些在后台运行的进程,脱离控制终端,执行通常与键盘输入无关的任务。守护进程经常与网络服务相关联,例如网页服务器(httpd)或 FTP 服务器(vsftpd)。守护进程可分为 atd 守护进程、日志守护进程(syslogd)和电源管理守护进程(apmd)等。

其中,atd 守护进程允许用户提交稍后运行的作业。atd 守护进程必须在运行时才能使用,用户可以通过查看运行的进程列表来确定 atd 是否在运行。atd 守护进程没有相关联的终端。

2. 使用 at 命令提交作业

at 命令用来向 atd 守护进程提交需要在特定时间运行的作业。at 命令在一个指定的时间执行一个指定任务,只能执行一次。要运行命令可以作为脚本提交(用-f 命令行选项),也可以通过标准输入直接输入。命令的标准输出将用电子邮件的形式寄给用户。

语法:

at [选项][时间日期]

at 命令的选项如表 7.14 所示。

表 7.14　at 命令行选项及作用

选　　项	作　　用
-f　filename	运行由 filename 指定的脚本
-m	完成时,用电子邮件通知用户(即便没有输出)
-l	列出所提交的作业
-r	删除一个作业

范例:在 22:40 执行/bin/ls。命令的执行过程如图 7.19 所示。

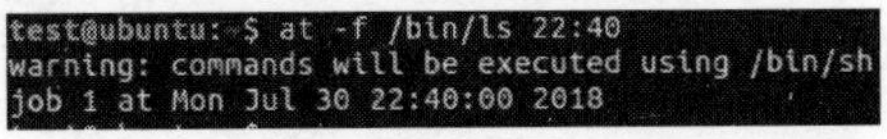

```
test@ubuntu:~$ at -f /bin/ls 22:40
warning: commands will be executed using /bin/sh
job 1 at Mon Jul 30 22:40:00 2018
```

图 7.19　使用 at 命令

与 at 服务有关的命令如表 7.15 所示。

表 7.15　与 at 服务有关的命令及用法

命　　令	用　　法
atd	运行被提交作业的守护进程,用户不直接使用 atd 命令
at	向 atd 守护进程提交作业,在特定时间运行
batch	向 atd 守护进程提交作业,在系统不繁忙时运行
atp	用 atd 守护进程列出队列里的作业
atrm	在队列里的作业运行前,取消 atd 守护进程队列里的作业

3. batch 命令延迟任务

batch 命令与 at 命令一样,用来延迟任务。与 at 命令不同的是,batch 命令不在特定时间运行,而是等到系统不忙于别的任务时运行。如果提交作业时机器不繁忙,可以立即运行作业。batch 守护进程会监控系统的平均负载,等待它降到 0.8 以下,然后开始运行作业任务。

batch 命令的语法与 at 命令的语法一模一样,可以用标准输入规定作业,也可以用命令行选择把作业作为 batch 文件来提交。输入 batch 命令后,"at>"提示就会出现。输入要执行的命令,按回车键,然后按 Ctrl+D 组合键。可以指定多条命令,方法是输入每一条命令后按回车键。输入所有命令后,按回车键转入一个空行,然后再按 Ctrl+D 组合键。也可以在提示后输入 Shell 脚本,在脚本的每一行后按回车键,然后在空行处按 Ctrl+D 组合键来退出。

4. 使用 crontab 命令提交任务计划

cron 是系统主要的调度进程,可以在无须人工干预的情况下运行任务计划。当安装完成 Ubuntu 操作系统之后,默认便会启动它。cron 服务提供 crontab 命令来设定 cron 服务。crontab 命令允许用户提交、编辑或删除相应的作业。每一个用户都可以有一个 crontab 文件来保存调度信息。可以使用它周期性地运行任意一个 Shell 脚本或某个命令。一般系统管理员会禁止这些文件,在整个系统中只保留一个 crontab 文件。系统管理员是通过 cron. deny 和 cron. allow 这两个文件来禁止或允许用户拥有自己的 crontab 文件的。

语法:

crontab [选项][用户名]

选项:crontab 命令的选项如表 7.16 所示。

表 7.16 crontab 命令的选项及用法

选 项	用 法
-l	显示用户的 crontab 文件的内容
-i	删除用户的 crontab 文件前给提示
-r	从 crontab 目录中删除用户的 crontab 文件
-e	编辑用户的 crontab 文件

用户所建立的 crontab 文件存于/var/spool/cron/crontabs/中,文件名与用户名一致。crontab 文件格式共分为 6 个字段,前 5 个字段用于时间设定,第 6 个字段为所要执行的命令。其中,5 个时间字段的含义如表 7.17 所示。

表 7.17 时间字段的含义及取值范围

字 段	含 义	取 值 范 围
1	分钟	0～59
2	小时	0～23
3	日期	1～31
4	月份	1～12
5	星期	0～6

范例:在 12 月内每天的早上 6～12 点期间,每隔 20min 执行一次/usr/bin/backup,该命令如图 7.20 所示。

5. gnome-system-monitor

gnome-system-monitor 是一个类似 Windows 任务管理器的 GNOME 系统监视器,本书采用的操作系统默认携带了该工具,通过该工具可以很容易地查看系统中各进程应用的资源使用情况,动态地观测 CPU 的运行状况。该工具可以通过如图 7.21 所示的命令直接打开。

`0 6-12/3 * 12 * /usr/bin/backup`

图 7.20 crondtab 命令

`test@ubuntu:~$ gnome-system-monitor`

图 7.21 打开 gnome-system-monitor

该工具在当前系统下显示的内容分为三部分:Processes,Resources,File Systems,反映了当前系统的运行情况,如图 7.22～图 7.24 所示。

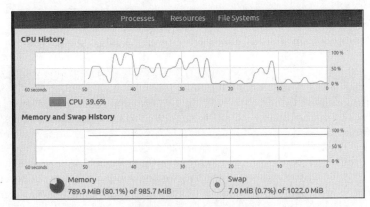

图 7.22　Processes 状态

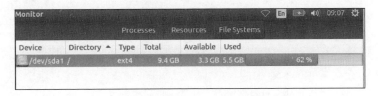

图 7.23　Resources 状态

图 7.24　File Sysytems 状态

上面显示的是系统中最为重要的三个部分的状态,这对于初学者管理系统和了解系统的当前状态提供了良好的交互界面,是十分有用的监控工具。

7.4　Apparmor 介绍

7.4.1　Apparmor 简介

在大型的软件开发项目中,安全可靠是衡量一个软件系统质量的最重要标准。而作为流行多年的开源操作系统——Linux 自然有自己的一套安全体系。许多 Linux 发行版中都自带了安全模块,像 Red Hat 和 CentOS 携带的 SELinux,而 Ubuntu 携带的安全模块是 Apparmor。

Apparmor 是一个安全可靠且易于使用的安全应用,它可以对操作系统的各个应用程序都进行保护和一定的控制,甚至可以抵御未知漏洞的攻击。Apparmor 采用的安全策略可以对各个程序所需资源进行定义和限制,将威胁压缩到很小的范围。针对不同的应用场景,Apparmor 包含的大量策略都能够很好地应对。

117

第 2 章

Linux 引导及进程管理

7.4.2 Apparmor 的配置文件

Apparmor 一共有两种工作模式,分别是 enforce 和 complain。在第一种模式下,应用程序对应的配置文件里面列出的限制条件都会得到执行,如果程序执行中违反了限制条件都会被记录下来,既加强了安全也便于管理。

第二种模式下,配置文件并不会执行,但是它会对违反限制条件的行为进行记录,并将该行为记录到系统日志,最后根据需要将日志转换成合适的配置文件,这是调试配置文件的很好方式。

上述介绍中最重要的是配置文件的书写,下面是一些配置文件的语法。

```
tmp r,                              ///表示对文件有读取的权限,其他权限有可读(w),可扩展
                                    (a)等
Set rlimit[resource]⇐[value],       ///表示对资源的限制,resource 为资源名,例如"set rlimt
                                    as⇐200M,"表示可使用的虚拟内存为 200MB
Entwork[[domain][[type][protocol]]  ///配置访问网络权限的语法,例如,"network inet tcp,"表
                                    示程序可以在 IPv4 下使用 TCP
Capability   条目                    ///Apparmor 控制程序是否可以对 capability 列表进行操
                                    作,例如 capability setgid 表示允许 setgid 进行操作
```

为了能够很好地进行配置文件的编写,需要对其语法规则有一定的了解,表 7.18 列出了一些语法规则。

表 7.18　Apparmor 语法规则

符　　号	解　　释
♯include	表示引用 apparmor.d 目录下的 abstractions 文件夹内的 base 配置文件。例如:♯include < abstractions/base >
*	* 代替任意数目的字符,/除外。例如:/home/ * /test/ *
**	代替任意字符,包括/
?	代表单独任意字符,//除外
[abc]	代替一个字符 a,b 或 c,例如:/home[07]/ * /.config,表示允许程序访问/home0 或者 home1 中的.config 文件
[a-c]	同上,代替字符
{ab,cd}	为满足 ab 和 cd 进行扩展,例如:{usr,www}/pages/ ** ,表示符合该规则的将会将权限赋予/usr/pages 和/www//pages 目录内的页面

知道了语法规则,还要明白文件的权限,配置文件的一些文件权限如表 7.19 所示。

表 7.19　设置文件权限

符　　号	解　　释
r	读取权限
w	书写权限(与 a 互斥)
a	追加权限(与 w 互斥)
k	文件锁定权限
l	连接权限
linkfile-> target	连接对规则(不能与其他访问权限结合)
m	可映射权限

知道了上面的语法规则，就可以对某个程序进行配置文件的编写了，Apparmor 也提供了生成配置文件的命令。

```
# sudo aa - genprof executable   //对可执行的文件进行配置文件的生成,例如 sudo  aa - genprof
                                  //nano,具体如图 7.25 所示
```

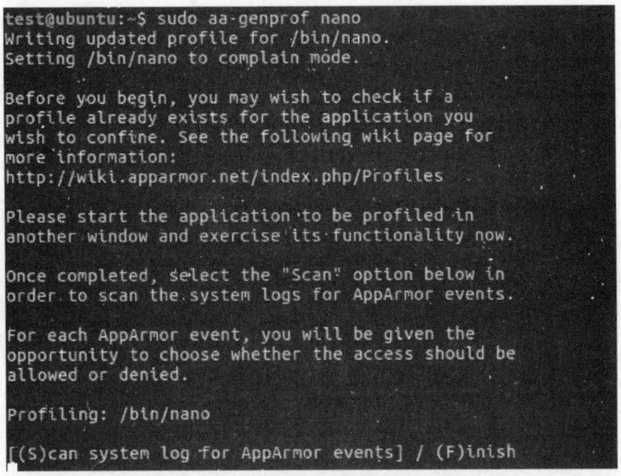

```
test@ubuntu:~$ sudo aa-genprof nano
Writing updated profile for /bin/nano.
Setting /bin/nano to complain mode.

Before you begin, you may wish to check if a
profile already exists for the application you
wish to confine. See the following wiki page for
more information:
http://wiki.apparmor.net/index.php/Profiles

Please start the application to be profiled in
another window and exercise its functionality now.

Once completed, select the "Scan" option below in
order to scan the system logs for AppArmor events.

For each AppArmor event, you will be given the
opportunity to choose whether the access should be
allowed or denied.

Profiling: /bin/nano

[(S)can system log for AppArmor events] / (F)inish
```

图 7.25　生成 nano 配置文件

使用该命令生成的配置文件会直接放置到 etc/apparmor.d/文件夹里面。如果是自己书写的，也是要放入这个文件夹里面才能使用，如图 7.26 所示。

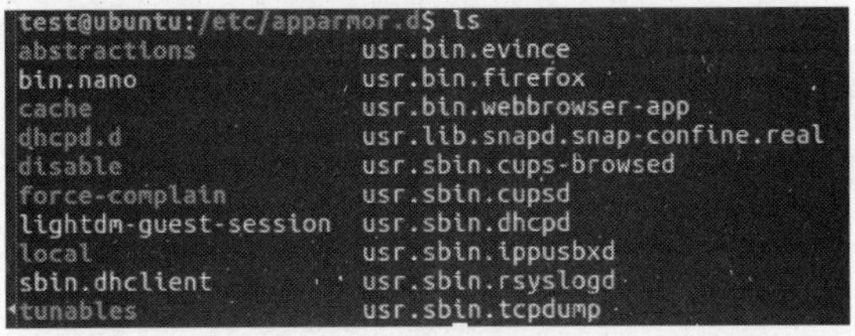

```
test@ubuntu:/etc/apparmor.d$ ls
abstractions             usr.bin.evince
bin.nano                 usr.bin.firefox
cache                    usr.bin.webbrowser-app
dhcpd.d                  usr.lib.snapd.snap-confine.real
disable                  usr.sbin.cups-browsed
force-complain           usr.sbin.cupsd
lightdm-guest-session    usr.sbin.dhcpd
local                    usr.sbin.ippusbxd
sbin.dhclient            usr.sbin.rsyslogd
tunables                 usr.sbin.tcpdump
```

图 7.26　自动放入/etc/apparmor.d 文件夹

打开 bin.nano 就可以根据需求对其进行配置了，其中内容如图 7.27 所示。

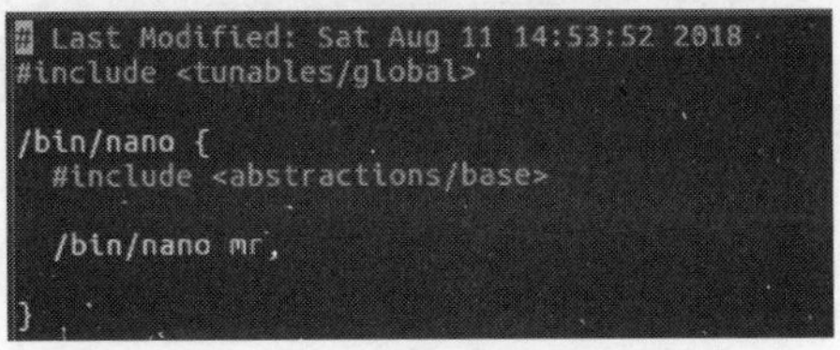

```
# Last Modified: Sat Aug 11 14:53:52 2018
#include <tunables/global>

/bin/nano {
  #include <abstractions/base>

  /bin/nano mr,

}
```

图 7.27　bin.nano 的内容

7.4.3　Apparmor 的使用

在 Ubuntu 16.04 桌面版的操作系统中默认地配置了 Apparmor 的功能，但是却没有安装管理和配置的工具，所以使用起来十分麻烦，需要安装一些工具来简化操作，如图 7.28 所示。

♯ sudo apt install apparmor - utils

图 7.28　安装 apparmor-utils

安装了管理工具之后就可以对 Apparmor 进行管理了。下面是一些常用的命令。

```
♯ sudo aa - status                          //查看 Apparmor 当前的状态
♯ sudo aa - logprof                         //查看日志信息
♯ sudo aa - complain /path/mtr/bin          //将配置文件放入 complain 模式中,例如:
sudo aa - complain /bin/ping 表示将 ping 放置到 complain 中
♯ sudo aa - enforce /path/mtr/bin           //将配置文件放入 enforce 模式中,例如:
sudo aa - enforce /bin/ping 表示将 ping 放置到 enforce 中
♯ sudo invoke - rc.d apparmor start         //禁用 Apparmor 功能
♯ sudo systemctl start apparmor             //启用 Apparmor 功能
```

1. 禁用一个配置文件

```
♯ sudo ln - s /etc/apparmor.d/配置文件名 /etc/apparmor.d/disable/
♯ sudo apparmor_parser - R /etc/apparmor.d/配置文件名
```

例如:将上面的配置文件名都改成 bin.ping 就可以禁用 ping 的配置文件。

2. 启用一个配置文件

```
♯ sudo rm /etc/apparmor.d/disable/配置文件名
♯ sudo apparmor_parser - r /etc/apparmor.d/配置文件名
```

除了上面启用配置文件命令外,要想在系统中起作用还要进行配置文件的加载。

```
♯ sudo service apparmor reload              //如图 7.29 所示
♯ sudo apparmor_parser - r /etc/apparmor.d/配置文件名 //实例为 sudo apparmor_parser - r /etc/
apparmor.d/bin.nano
```

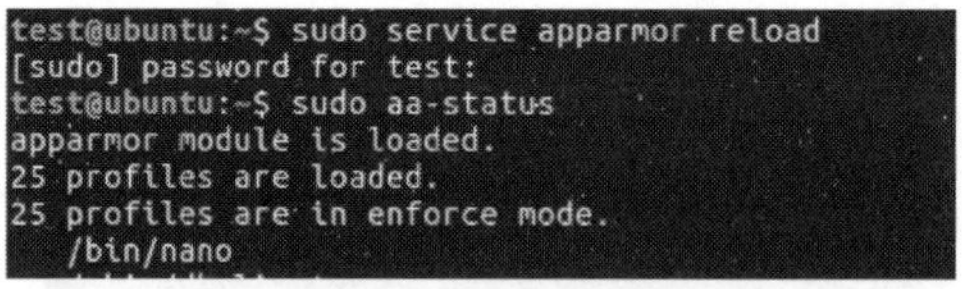

图 7.29　加载配置文件

小　　结

本章介绍了 Ubuntu 系统的引导流程、内存管理,以及对进程管理的相关问题,包括进程的概念、守护进程以及进程的管理方式。同时也介绍了 Apparmor 的功能和使用,可以增强对系统的安全管理。

习　题

1. Linux 的正常关机命令可以是(　　)。
   A. shutdown -h now
   B. shutdown -r now
   C. halt
   D. reboot
2. (　　)是终止一个前台进程要用到的命令。
   A. kill
   B. Ctrl+C
   C. shut down
   D. halt
3. (　　)是终止一个后台进程要用到的命令。
   A. kill
   B. Ctrl+C
   C. shut down
   D. halt
4. 下列不是 Linux 系统进程类型的是(　　)。
   A. 交互进程
   B. 批处理进程
   C. 守护进程
   D. 就绪进程(进程状态)
5. 进程调度命令 at 和 batch 的唯一区别是运行时间,那么 batch 是在(　　)运行。
   A. 系统空闲时
   B. 指定时间
   C. 在需要时
   D. 系统忙时
6. 进程调度 cron、at 和 batch 中,可以多次执行的是(　　)。
   A. cron
   B. at
   C. batch
   D. cron、at、batch
7. 简述 Linux 系统的引导过程。
8. Ubuntu 的运行级别有哪几种?
9. 简述 ps 和 top 命令的区别。
10. 什么是守护进程?
11. 经常使用的进程调度命令有哪些?
12. 上机练习:对 Linux 进程管理相关的命令进行练习,掌握 Linux 系统中进程管理的基本方法。

实验 7-1　Linux 进程管理

1. 实验目的

熟悉使用 at 和 cron 执行计划任务,熟悉 ps 和 top 命令的使用方法。

2. 实验内容

(1) 每周日凌晨零点零分定期备份/user/backup 到/tmp 目录下。

(2) 使用 at 命令执行任务,凌晨 12:00 列举/var/log 目录文件的信息。

(3) 每月第一天备份并压缩/etc 目录的所有内容,存放在/root/bak 目录中。

(4) 使用 ps 和 top 命令查看进程信息。

(5) 后台执行 top 命令,使用 kill 命令终止该进程。

第8章 Linux 编辑器的使用

本章学习目标

- 了解 Linux 的编辑工具。
- 掌握 Gedit 编辑器的使用方法。
- 掌握 vi 及 vim 编辑器的使用方法。
- 熟悉 gcc 编译器以及 gdb 调试器的使用方法。

编辑器是所有计算机系统中最常使用的一种工具。用户在使用计算机的时候，往往需要创建自己的文件，无论是一般的文本文件、资料文件，还是编写源程序，这些工作都离不开编辑器。Linux 下的编辑器有很多种，本章对 Ubuntu 系统中常用编辑器软件进行介绍。

8.1 文本编辑器

8.1.1 Gedit 编辑器

Gedit 是 Linux GNOME 桌面上一款小巧的文本编辑器，它的外观看上去很简单。它仅在工具栏上具有一些图标以及一排基本的菜单。

Gedit 的启动方式非常简单，打开终端，输入命令"gedit"，按回车键即可打开 Gedit 编辑器，也可以在 Dash 中输入"gedit"，自动搜索到 Gedit 的图标，单击图标即可打开。Gedit 编辑器的界面如图 8.1 所示。

图 8.1　Gedit 编辑器

Gedit 是一款自由软件。Gedit 兼容 UTF-8 的文本，有良好的语法高亮显示，对中文的支持很好，支持包括 GB2312、GBK 在内的多种字符编码。但英文版本的 Ubuntu 中的 Gedit 编辑器由于不能识别文件中字符编码方式，中文通常会显示为乱码，如图 8.2 所示。

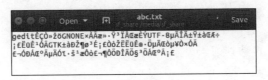

图 8.2　Gedit 编辑器中的乱码

有两种方法可以解决乱码问题。一是打开该文件时指定编码，命令如下：

＃gedit　－－encoding＝GB2312　abc.txt

打开文件时就可以正常显示中文了，如图 8.3 所示。

图 8.3　Gedit 编辑器正常显示中文

还有一种方法是在终端中输入如下命令。

＃sudo gsettings set org. gnome. gedit. preferences. encodings auto－detected "['GB18030','GB2312','GBK', 'UTF－8','BIG5','CURRENT','UTF－16']"

＃sudo gsettings set org. gnome. gedit. preferences. encodings shown－in－menu "['GB18030', 'GB2312','GBK','UTF－8','BIG5','CURRENT','UTF－16']"

8.1.2　nano 编辑器

nano 是 UNIX 和类 UNIX 系统中的一个轻量级文本编辑器，是 PICO 的复制品。nano 的目标是类似 PICO 的全功能但又易于使用的编辑器。nano 是遵守 GNU 通用公共许可证的自由软件，Ubuntu 16.04 系统中 nano 的版本是 2.2.6。nano 的使用非常方便，在任何一个终端中输入"nano"命令即可打开 nano 编辑器。nano 编辑器的界面如图 8.4 所示。

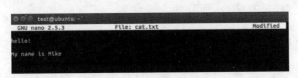

图 8.4　nano 编辑器

nano 主界面显示的第一个组合键是 Ctrl＋G，作用是打开 nano 的帮助页面，下面对其余的组合键进行逐一说明。

（1）Ctrl＋G(F1)：打开在线帮助文档。

（2）Ctrl＋X(F2)：关闭当前的文件流，如果文件未保存，则询问是否保存，如果已保存或者文件未做任何修改，则直接退出编辑器。

（3）Ctrl＋O(F3)：保存当前文件。

（4）Ctrl＋J(F4)：对当前行进行排版。

Linux 编辑器的使用

124

（5）Ctrl＋R(F5)：在光标处插入其他文件的内容。

（6）Ctrl＋W(F6)：查询字符串。

（7）Ctr＋Y(F7)：移动到前一页。

（8）Ctrl＋V(F8)：移动到下一页。

（9）Ctrl＋K(F9)：剪切当前行，并将其内容保存到剪贴板中。

（10）Ctrl＋U(F10)：将剪贴板中的内容写入当前行中。

（11）Ctrl＋C(F11)：说明目前光标处的行号与列号。

（12）Ctrl＋T(F12)：运行拼写检查工具。

8.1.3　vi 编辑器

vi 是 visual interface 的简称，是 Linux 中最常用的编辑器，也是最基本的文本编辑工具，vim 是它的改进版本。vi 或 vim 虽然没有图形界面编辑器那样只需单击鼠标的简单操作，但 vi 编辑器在系统管理、服务器管理字符界面中，却不是图形界面的编辑器所能比拟的。

vi 是一种模式编辑器。不同的按钮和按键操作可以更改不同的"模式"。例如，在"输入模式"下，输入的文本会直接被插入到文档；当按 Esc 键时，"输入模式"就会更改为"命令行模式"，并且光标的移动和功能的编辑都由字母来响应，例如，"j"用来移动光标到下一行；"k"用来移动光标到上一行，"x"可以删除当前光标处的字符，"i"可以返回到"输入模式"（也可以使用方向键）。在"命令行模式"下，输入的字符并不会插入到文档中。

早期的版本中，vi 并没有指示出当前的模式，用户必须按退出键来确认编辑器返回"命令模式"。当前的 vi 版本可以在"状态条"显示当前模式。最新的版本中，用户可以在"终端"中设置并使用除主键盘以外的其他键，例如，PgUp、PgDn、Home、End 和 Delete 键。图形化界面的 vi 可以很好地支持鼠标和菜单操作。

8.2　vi 编译器的使用

vi 不是一个排版程序，不能对字体、格式、段落等其他属性进行编排，它只是一个文本编辑程序。vi 没有菜单，只有命令，而且命令非常多。

8.2.1　启动 vi 编辑器

在命令提示符状态下，输入"vi［文件名］"即可启动 vi 编辑器。如果不指定文件名，则新建一个未命名的文本文件。启动 vi 编辑器的命令如表 8.1 所示。

表 8.1　启动 vi 编辑器的命令

命　　令	功　　能
vi filename	打开或新建文件，并将光标置于第一行行首
vi＋n filename	打开文件，并将光标置于第 n 行行首
vi＋filename	打开文件，并将光标置于最后一行行首
vi＋/str filename	打开文件，并将光标置于第一个与 str 匹配的字符串处
vi－r filename	在上次使用 vi 编辑时系统崩溃，恢复 filename
vi filename1…filenamen	打开多个文件，依次编辑

8.2.2　3 种工作模式

启动 vi 编辑器后,进入 vi 的工作模式。vi 有 3 种基本工作模式:命令行模式、输入模式和末行模式。

1. 命令行模式

vi 打开一个文件就直接进入命令行模式。或者不管用户处于何种模式,当按 Esc 键时,也会进入命令行模式。在这个模式中,用户可以输入各种合法的 vi 命令,管理自己的文档。从键盘上输入的任何字符都被当作编辑命令,如果输入的字符是合法的 vi 命令,则 vi 接受用户命令并完成相应的动作。例如,可以使用上下左右键来移动光标,可以删除字符或删除整行,也可以复制、粘贴文件数据。

2. 输入模式

命令行模式中可以进行删除、复制、粘贴等操作,但是无法编辑文件内容。要想编辑文件内容,必须进入输入模式。从命令行模式进入输入模式,要按下 i、I、o、O、a、A、r、R 中任何一个字母键。通常在 Linux 中,按下这些按键时,在界面的左下方会出现 INSERT 或 REPLACE 的字样,此时才可以进行编辑。而如果要回到命令行模式时,则必须按 Esc 键来退出输入模式。

从命令行模式进入输入模式,各个命令字符的含义如表 8.2 所示。

表 8.2　切换到输入模式的命令字符

命　　令	功　　能
i	从目前光标所在处插入
I	从目前所在行的第一个非空格符处开始插入
a	从目前光标所在的下一个字符处开始插入
A	从光标所在行的最后一个字符处开始插入
o	从目前光标所在行的下一行处插入新的一行
O	从目前光标所在行的上一行插入新的一行
r	替换光标所在的那一个字符一次
R	替换光标所在处的文字,直到按 Esc 键为止

3. 末行模式

在命令行模式下,用户按":"键即可进入末行模式,此时 vi 会在显示窗口的最后一行显示一个":"作为末行模式的提示符,等待用户输入命令。末行命令执行后,vi 自动回到命令模式。若在末行模式的输入过程中,可按退格键将输入的命令全部删除,再按一下退格键,即可回到命令模式。

在末行模式中,可以将文件保存或退出 vi,也可以设置编辑环境,还可以查找文档中的字符串、列出行号等。末行模式的可用命令及含义如表 8.3 所示。

vi 编辑器的 3 种工作模式之间的转换关系如下。

(1) 如果从命令行模式进入输入模式,要按下 i、I、a、A 中的任意一个键。

(2) 如果从输入模式退回到命令行模式,则按 Esc 键。

(3) 如果从命令行模式进入末行模式,则要按":"键。

表 8.3　末行模式下的可用命令

命　　令	功　　能
: w	将编辑的数据保存到文件中
: w!	若文件属性为"只读"时,强制写入该文件
: q	退出 vi
: q!	强制退出不保存文件
: wq	保存后退出 vi
: w filename	将编辑的数据另存为另一个文件
? word	向上寻找一个名称为 word 的字符串
n	n 为按键,代表重复前一个查找的操作
N	N 为按键,与 n 相反,为"反向"进行前一个查找操作
:n1,n2s/word1/word2/g	在第 n1 与 n2 行之间寻找 word1 字符串,并替换为 word2
:1,$ s/word1/word2/g	全文查找 word1 字符串,并将它替换为 word2

8.2.3　光标操作命令

在文本编辑器中,光标的移动操作是最经常使用的。只有熟练使用移动光标的命令,才能对文本定位。vi 中的光标移动既可以在命令行模式,也可以在输入模式,但操作方法是有区别的。

在输入模式下,可以直接使用键盘上的 4 个方向键移动光标。在命令行模式下,移动光标的方法有很多,具体的方法如表 8.4 所示。

表 8.4　光标的移动

命　　令	功　　能
h 或向左箭头键	光标向左移动一个字符
j 或向下箭头键	光标向下移动一个字符
k 或向上箭头键	光标向上移动一个字符
l 或向右箭头键	光标向右移动一个字符
＋	光标移动到非空格符的下一行
－	光标移动到非空格符的上一行
n < space >	按下数字 n 后再按空格键,光标会向右移 n 个字符
0 或功能键 Home	光标移动到这一行的行首
$ 或功能键 End	光标移动到这一行的行尾
H	光标移动到屏幕第一行的第一个字符
M	光标移动到屏幕中央的那一行的第一个字符
L	光标移动到屏幕最后一行的第一个字符
G	光标移动到这个文件的最后一行
nG	n 为数字。移动到这个文件的第 n 行
gG	光标移动到这个文件的第一行。相当于 1G
n[Enter]	n 为数字。光标向下移动 n 行

8.2.4 屏幕操作命令

屏幕的操作是以屏幕为单位的光标操作,常用于滚屏和分页。在命令行模式和输入模式都可以使用屏幕滚动命令。具体的方法如表8.5所示。

表8.5 屏幕操作命令

命　　令	功　　能
Ctrl+F	屏幕向下移动一页,相当于 PgDn 按键
Ctrl+B	屏幕向上移动一页,相当于 PgUp 按键
Ctrl+D	屏幕向下移动半页
Ctrl+U	屏幕向上移动半页

8.2.5 文本修改命令

在命令行模式下,可以使用有关命令对文本进行修改,包括对文本内容的删除、复制、粘贴等操作。具体的方法如表8.6所示。

表8.6 文本修改命令

命　　令	功　　能
x	删除光标所在位置上的字符
dd	删除光标所在位置上的字符
n+x	向后删除 n 个字符,包含光标所在位置
n +dd	向下删除 n 行内容,包含光标所在行
yy	将光标所在行复制
p	将复制(或最近一次删除)的字符串(或行)粘贴在当前光标所在位置
u	撤销上一步操作
—	重复上一步操作

范例:

复制/etc/manpath.config 文件到当前目录,使用 vi 打开本目录下的 manpath.config 这个文件,命令的执行过程如图 8.5 所示。

图 8.5 打开文件

在 vi 中设置行号。在末行模式输入:set nu,如图 8.6 所示。

移动到第1行,并且向下查找 MANDB_MAP 这个字符串,如图 8.7 所示。

将第 66～71 行的 man 修改为 MAN,并且一个一个地提示是否需要修改。在末行模式下输入:66,71s/man/MAN/gc,之后按 y 键来确认修改,完成后的结果如图 8.8 所示。

图 8.6　设置行号

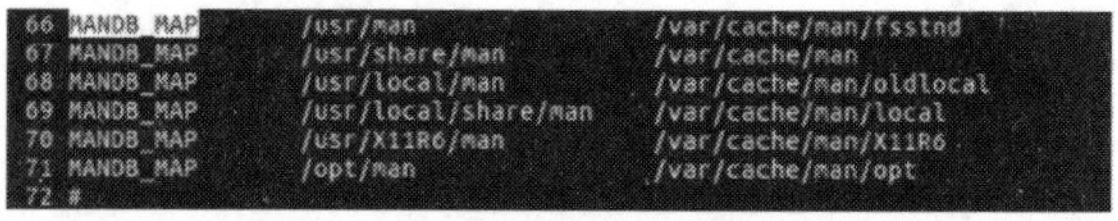

图 8.7　查找字符串

图 8.8　修改多个字符串

全部复原之前操作：按 u 键恢复到原始状态。

复制第 66～71 行的内容，并且粘贴到最后一行之前。在命令行模式下输入 65G，然后输入 6yy，最后一行会出现复制 6 行的说明字样。按 G 键到最后一行，再按 P 键粘贴 6 行。完成后的结果如图 8.9 所示。

图 8.9　复制粘贴文件

将此文件另存为 man. test. config，在末行模式下输入"w man. test. config"，如图 8.10所示。

图 8.10　保存文件

在第 42 行删除 58 个字符。在命令行先按下 42G，再按下 58x。

在第一行新增一行，并输入"i am a student"，在命令行先按 1G，再按下 O 键新增一行并进入插入模式，输入"i am a student"，按 Esc 键退出输入模式，按下 wq，保存文件。

8.2.6　其他命令

vi 编辑器还有很多其他功能，能够完成更复杂的编辑工作。

1. 块选择

vi 编辑器块选择功能的实现方式如表 8.7 所示。

表 8.7 vi 块选择

按　　键	功　　能
v	字符选择,将光标经过的地方反白选择
V	行选择
Ctrl+V	块选择,可以用矩形的方式选择数据

2. 多文件编辑

多文本编辑就是在同一窗口中打开多个文件,比如"vi file1 file2 file3",可在一个窗口打开 3 个文件,此时多个文件之间的切换方法如表 8.8 所示。

表 8.8 vim 多文件编辑

按　　键	功　　能
:n	编辑下一个文件
:N	编辑上一个文件
:files	列出目前这个 vim 打开的所有文件

3. 多窗口功能

多窗口功能就是在不同窗口中打开多个文件,比如已经打开了一个文件,在 vi 的命令输入状态下输入"sp 另外一个文件的路径及文件名",如此就在一个窗口中打开多个文件。多窗口之间的切换方法如表 8.9 所示。

表 8.9 vim 多窗口

按　　键	功　　能
:sp filename	打开一个新窗口,如果命令后边跟着文件名(filename),表示在新窗口打开一个新文件,否则表示两个窗口为一个文件内容
Ctrl+W+J	先按住 Ctrl 键,再按下 W 键后放开所有按键,然后再按 J 键,则光标可移动到下方的窗口
Ctrl+W+K	同上,不过光标移动到上面的窗口
Ctrl+W+Q	结束离开当前窗口

8.3　gcc 编译及其调试

gcc(GNU Compiler Collection,GNU 编译器套装)是一套由 GNU 开发的编程语言编译器。它是一套以 GPL 及 LGPL 许可证所发行的自由软件,也是 GNU 计划的关键部分,也是类 UNIX 系统及苹果计算机 Mac OS X 操作系统的标准编译器。gcc(特别是其中的 C 语言编译器)常被认为是跨平台编译器的事实标准。

gcc 开始只能编译 C 语言,随着 gcc 的快速扩展,现在可处理 C++、FORTRAN、Pascal、Objective-C、Java、Ada 等语言。

8.3.1　gcc 编译器的使用

1. gcc 的编译流程

1）预编译

在这个阶段,编译器开始编译预编译指令(#),例如,复制需要的头文件、进行宏替换等。使用参数"-E"可指定 gcc 只进行预处理过程。

2）编译

在编译阶段,gcc 首先检查代码的规范性、是否存在语法错误等,之后 gcc 把代码编译成汇编语言。使用参数"-S"可指定 gcc 只进行编译过程。

3）汇编

汇编阶段将前一个阶段(编译)生成的汇编文件转换成目标文件(二进制代码)。使用参数"-c"可让 gcc 在汇编结束后停止连接过程,把汇编代码转换成二进制代码。

4）连接

在连接阶段,gcc 查找程序所需的连接库,找到后将相关函数连接到库函数中,最终生成可执行程序。

5）范例

编译当前目录下的 test.c 文件并执行,命令的执行过程如图 8.11 所示。

2. gcc 编译器的主要选项

gcc 有超过 100 个编译选项可用,具体可以使用命令 man gcc 查看。按照选项的作用不同,可以将 gcc 编译器的选项分成以下几类。

图 8.11　编译文件并执行

(1) 总体选项: gcc 的总体选项如图 8.10 所示。

表 8.10　gcc 总体选项及含义

选　　项	含　　义
-c	编译或汇编源文件,但不进行连接
-S	编译后即停止,不进行汇编及连接
-E	预处理后即停止,不进行编译、汇编及连接
-g	在可执行文件中包含调试信息
-o file	指定输出文件 file
-v	显示 gcc 的版本
-I dir	在头文件的搜索路径列表中添加 dir 目录
-L dir	在库文件的搜索路径列表中添加 dir 目录
-static	强制使用静态连接库
-l library	连接名为 library 的库文件

(2) 优化选项: gcc 具有优化代码的功能,主要的优化选项如表 8.11 所示。

表 8.11　gcc 优化选项及含义

参　　数	含　　义
-00	不进行优化处理
-01	编译后即停止,不进行汇编及连接
-02	预处理后即停止,不进行编译、汇编及连接
-03	在可执行文件中包含调试信息
-0s	指定输出文件 file
-v	显示 gcc 的版本
-I dir	在头文件的搜索路径列表中添加 dir 目录
-L dir	在库文件的搜索路径列表中添加 dir 目录
-static	强制使用静态连接库
-l library	连接名为 library 的库文件

（3）警告和出错选项：gcc 包含完整的出错检查和警告提示功能。gcc 的编译器警告选项如表 8.12 所示。

表 8.12　gcc 警告和出错选项及含义

选　　项	含　　义
-ansi	支持符合 ANSI 标准的 C 程序
-pedantic	允许发出 ANSI C 标准所在列的全部警告信息
-w	关闭所有警告
-wall	允许发出 gcc 提供的所有有用的警告信息
-werror	把所有的警告信息转换成错误信息,并在警告发生时终止编译

8.3.2　gcc 总体选项实例

程序的编译要经过预处理、编译、汇编以及连接 4 个阶段。在预处理阶段,主要处理 C 语言源文件中的♯ifdef、♯include 以及♯define 等命令。在预处理过程中,gcc 会忽略掉不需要预处理的输入文件,该阶段会生成中间文件(＊.i)。

范例：预编译 test.c 程序,将预编译结果输出到 test.i,执行的命令：

```
gcc - E test.c
 - o test.i
```

在预编译的过程中,gcc 对源文件所包含的头文件 stdio.h 进行了预处理,由于输出文件 test.i 比较长,只给出了 test.i 文件的部分内容,如图 8.12 所示。

```
# 1 "test.c"
# 1 "<built-in>"
# 1 "<command-line>"
# 1 "/usr/include/stdc-predef.h" 1 3 4
# 1 "<command-line>" 2
# 1 "test.c"
# 1 "/usr/include/stdio.h" 1 3 4
# 27 "/usr/include/stdio.h" 3 4
```

图 8.12　预编译结果

在编译阶段,输入的是中间文件(＊.i),编译后生成的是汇编语言文件(＊.s)。

范例：编译 test.i 文件，编译后生成汇编语言文件 test.s。对应的 gcc 命令：

```
gcc - S
test.i - o test.s
```

test.s 就是生成的汇编语言文件，其内容如图 8.13 所示。

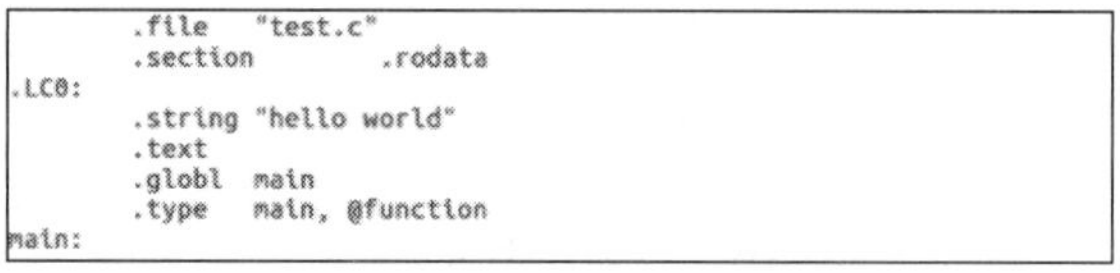

```
        .file   "test.c"
        .section        .rodata
.LC0:
        .string "hello world"
        .text
        .globl  main
        .type   main, @function
main:
```

图 8.13　汇编语言文件

汇编是将输入的汇编语言文件转换为目标代码，可以使用-c 选项来完成。

范例：将汇编语言文件 test.s 转换为目标程序 test.o。对应 gcc 命令为：

```
gcc - c test.s - o test.o
```

连接是将生成的目标文件与其他目标文件连接成可执行的二进制代码文件。

范例：将目标程序 test.o 连接成可执行文件 test。对应 gcc 命令为：

```
gcc test.o - o test
```

8.3.3　gcc 优化选项实例

一般来说，优化级别越高，生成可执行文件的运行速度也越快，但编译的时间就越长，因此在开发的时候最好不要使用优化选项，只有到软件发行或开发结束的时候才考虑对最终生成的代码进行优化。下面根据实例来比较 gcc 优化项的效果。源程序 example.c 的代码如下。

```
#include <stdio.h>
int main()
{
    int x;
    int sum = 0;
    for(x = 1;x1e8;x++)
      {
          sum = sum + x;
      }
 printf("sum = %d\n",sum);
}
```

在编译源程序 example.c 过程中，不加任何优化选项，使用 time 命令查看程序执行时间，过程如图 8.14 所示。

其中，time 命令的输出结果由以下 3 部分组成。

real——程序的总执行时间，包括进程的调度、切换等时间。

user——用户进程执行的时间。

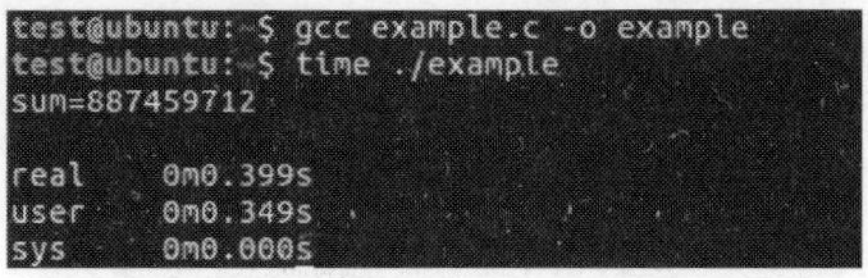

图 8.14　不加任何优化选项

sys——内核执行的时间。

在编译源程序 example. c 的过程中,使用优化选项——O2 对源程序进行优化,使用 time 命令查看程序执行时间,过程如图 8.15 所示。

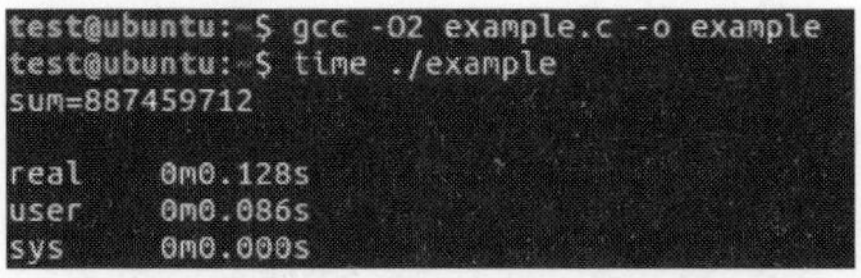

图 8.15　添加 O2 优化选项

从上面的结果可以看出,程序的执行时间大大减少,程序性能得到了大幅度提高。

8.3.4　警告和出错选项实例

在编译过程中,编译器的报错和警告信息对于程序员来说是非常重要的信息,它可以帮助 Linux 程序员尽快找出错误的或潜在的错误代码。下面根据实例来说明开启警告信息的必要性,源程序 example2. c 的代码如下。

```
# include < stdio. h >
void main( )
{
int x;
   int sum = 0;
   for(x = 1;x1e8;x++)
     {
sum = sum + x;
     }
     printf("sum = % d\n",sum);
}
```

范例:编译 example2. c 程序,同时开启警告信息。命令执行结果如图 8.16 所示。

图 8.16　开启警告信息

8.3.5　gdb 调试器

1. gdb 功能介绍

程序调试是程序开发中最重要的一个部分,通过调试可以找到程序中的错误。在 UNIX、Linux 系统中,调试工具为 gdb。它使用户能在程序运行时观察程序的内部结构和

133

第 8 章

Linux 编辑器的使用

内存的使用情况。gdb 提供如下功能。

(1) 监视或修改程序中变量的值。

(2) 设置断点,以使程序在指定的代码行上暂停执行。

(3) 单步执行或程序跟踪。

gdb 支持很多的命令,使用户能实现不同的功能。表 8.13 列出了 gdb 调试时的常用命令。

表 8.13 gdb 调试时的常用命令

命　令	功　能
break	在代码里设置断点
c	继续 break 后的执行
bt	反向跟踪,显示程序堆栈
file	装入想要调试的可执行文件
kill	终止正在调试的程序
list	列出产生执行文件的源代码的一部分
next	执行一行源代码,但不进入函数内部
step	执行一行源代码且进入函数内部
run	执行当前被调试的程序
quit	退出 gdb
watch	监视一个变量的值,而不管它何时改变
set	设置变量的值
shell	在 gdb 内执行 Shell 命令
print	显示变量或表达式的值
quit	终止 gdb 调试
make	不退出 gdb 的情况下,重新产生可执行文件
where	显示程序当前的调用栈

gdb 命令在不引起歧义的情况下是可以缩写的,如 list 可缩写为 l,kill 可缩写为 k,step 可缩写为 s 等。同样,在不引起歧义的情况下,可以使用 tab 命令进行自动补齐或查找某一类字符开始的命令。

2. gdb 的调试实例

下面以 file.c 程序为例,介绍 Linux 系统内程序调试的基本方法。

```
# includestdio.h
static char buff[256];
static char * string;
int main()
{
printf("please input a string:");
gets(string);
printf("\nyour string is: % s\n",string);
}
```

使用调试参数-g 编译 file.c 源程序,编译之后运行,在提示符中输入字符串"hello world!",然后按回车键。由于程序使用了一个未经过初始化的字符型指针 string,在执行过程中会出现 Segment Fault 错误，如图 8.17 所示。

```
test@ubuntu:~$ gcc file.c -g -o file
```

图 8.17   编译 file.c 源程序

为了查找该程序中出现的问题，可利用 gdb 调试该程序，运行 gdb file 命令，装入 file 可执行文件，如图 8.18 所示。

```
test@ubuntu:~$ gdb /home/test/file
GNU gdb (Ubuntu 7.11.1-0ubuntu1~16.5) 7.11.1
Copyright (C) 2016.Free Software Foundation, Inc.
License GPLv3+: GNU GPL version 3 or later <http://gnu.org/licenses/gpl.html>
This is free software: you are free to change and redistribute it.
There is NO WARRANTY, to the extent permitted by law.  Type "show copying"
and "show warranty" for details.
This GDB was configured as "x86_64-linux-gnu".
Type "show configuration" for configuration details.
For bug reporting instructions, please see:
<http://www.gnu.org/software/gdb/bugs/>.
Find the GDB manual and other documentation resources online at:
<http://www.gnu.org/software/gdb/documentation/>.
For help, type "help".
Type "apropos word" to search for commands related to "word"...
Reading symbols from /home/test/file...done.
(gdb)
```

图 8.18   将 file 文件装入 gdb

执行装入的 file 文件，使用 where 命令查看程序出错的位置，如图 8.19 所示。

```
(gdb) run
Starting program: /home/test/file
please input a string:hello world

Program received signal SIGSEGV, Segmentation fault.
_IO_gets (buf=0x0) at iogets.c:53
53      iogets.c: No such file or directory.
(gdb) where
#0  _IO_gets (buf=0x0) at iogets.c:53
#1  0x000000000040058d in main () at file.c:7,
```

图 8.19   查看程序出错的位置

利用 list 命令查看调用 gets() 函数附近的代码，如图 8.20 所示。

```
(gdb) list
1       #include <stdio.h>
2       static char buff[256];
3       static char* string;
4       int main()
5       {
6       printf("please input a string:");
7       gets(string);
8       printf("\nyour string is: %s\n",string);
9
10      }
```

图 8.20   列出代码

导致 gets() 函数出错的原因就是变量 string，使用 print 命令查看 string 的值，如图 8.21 所示。

```
(gdb) print string
$1 = 0x0
```

图 8.21   使用 print 命令查看 string 的值

显然 string 的值是不正确的，指针 string 应该指向字符数组 buff[] 的首地址。在 gdb 中，可以直接修改变量的值，为此，在第 7 行处设置断点 break 7，程序重新运行到第 7 行处停止，可以用 set variable 命令修改 string 的取值；命令的执行过程如图 8.22 所示。

图 8.22　设置断点

使用 next 命令单步执行,将会得到正确的程序运行结果,如图 8.23 所示。

图 8.23　正确的运行结果

8.4　Eclipse 编辑器

Eclipse 是著名的跨平台的自由集成开发环境(IDE),最初主要用于 Java 语言开发,现在可以通过安装插件使其作为 C++、Python、PHP 等其他语言的开发工具。Eclipse 本身只是一个框架平台,但是因得到众多插件的支持,使得 Eclipse 拥有较佳的灵活性。许多软件开发商以 Eclipse 为框架开发自己的 IDE。本节将使用 Eclipse 搭建 C 语言集成开发环境。

8.4.1　安装 JDK

运行 Eclipse 需要有 JDK 的支持,在这里使用最新版 jdk-8u81-linux-x64. tar. gz,下载之后开始安装。

1. 解压文件

将 jdk-8u81-linux-x64. tar. gz 文件解压到/usr/lib/jvm 目录,命令的执行过程如图 8.24 所示。解压之后,在/usr/lib/jvm 目录下出现一个名为 jdk1.8.0_181 的子目录。

图 8.24　解压文件

2. 配置环境变量

打开/etc/environment 文件,修改 PATH 路径,添加 CLASSPATH 与 JAVA_HOME,修改的结果如图 8.25 所示。

图 8.25　配置环境变量

3. 配置默认 JDK

Ubuntu 中可能会有默认的 JDK,如 OpenJDK,所以,为了将所安装的 JDK 设置为默认 JDK 版本,还要在终端分别执行以下命令。

```
# sudo update – alternatives –– install /usr/bin/java java
/usr/lib/jvm/jdk1.8.0_181/bin/java 300
# sudo update – alternatives –– install /usr/bin/javac javac
/usr/lib/jvm/jdk1.8.0_181/bin/javac 300
# sudo update – alternatives –– install /usr/bin/jar jar /usr/lib/jvm/jdk1.8.0_181/bin/jar
300
# sudo update – alternatives –– config java
```

4. 测试

在终端执行 java-version 命令,如果安装成功会显示如图 8.26 所示的内容。

图 8.26　安装成功

8.4.2　配置 Eclipse 的 C 语言集成开发环境

下载 Eclipse 的 C 语言集成开发环境 Eclipse IDE for C/C++ Developers,为 Ubuntu 16.04 选择的是 eclipse-cpp-photon-R-linux-gtk-x86_64.tar.gz。

1. 解压文件

将 eclipse-cpp-photon-R-linux-gtk-x86_64.tar.gz 文件解压到/usr/lib/目录,命令的执行过程如图 8.27 所示。解压之后,在/usr/lib/jvm 目录下将出现一个名为 eclipse 的子目录。

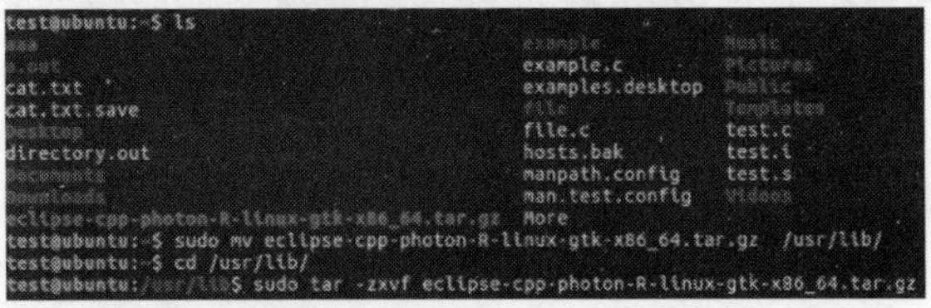

图 8.27　解压 Eclipse 文件

2. 配置启动快捷方式

配置快捷方式需要在/usr/share/applications/目录下新建文件 eclipse.desktop,在新建的文件中输入如图 8.28 所示的内容。

图 8.28　配置启动快捷方式

快捷配置完成后,在 Dash 中就可以搜索到 Eclipse,如图 8.29 所示。

图 8.29　在 Search your computer 中搜索 Eclipse

8.4.3　使用 Eclipse 编辑器编译实例

1．创建一个简单的 C 程序

创建一个 Project。依次选择 File → New→Project 菜单命令，弹出新建工程向导，如图 8.30 所示。

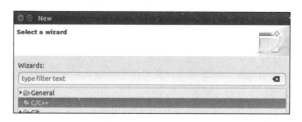

图 8.30　选择工程类型

双击 C/C++ 文件夹，选择 C Project 选项，单击 Next 按钮继续，如图 8.31 所示。

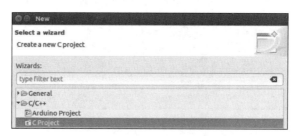

图 8.31　选择 C Project 选项

输入工程名"test"，在左边的 Project type 中选择 Executable 文件夹下面的 Empty Project 选项，在右边的 Toolchains 列表框中选择 Linux GCC 选项，单击 Finish 按钮，完成工程创建，如图 8.32 所示。

2．编写代码并编译工程

在 Project Explorer 视图的相应工程上右击，在弹出的快捷菜单中选择 New→Source File 命令。在 Source file 文本框中输入文件名"test.c"，单击 Finish 按钮完成源文件的创建，如图 8.33 所示。

编写源代码并保存文件，如图 8.34 所示。

依次选择 Project→Build Project 菜单命令，对源文件进行编译，在 Console 视图中会显示编译的结果，如图 8.35 所示。

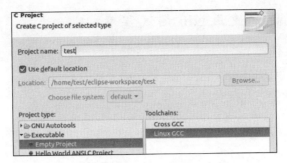

图 8.32　工程创建

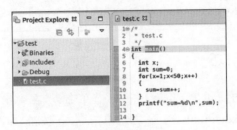

图 8.33　新建 test.c 文件

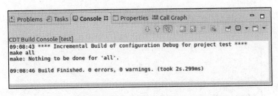

图 8.34　编辑源文件

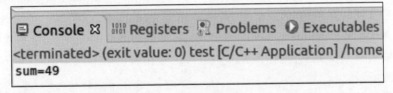

图 8.35　在 Console 视图中显示编译结果

3. 运行程序

依次选择 Run→Run 菜单命令来运行程序,在 Console 视图中会显示运行结果,如图 8.36 所示。

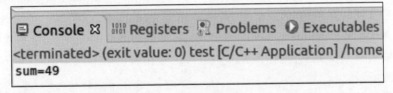

图 8.36　在 Console 视图中显示运行结果

8.4.4　在 Eclipse 中使用 gdb 调试程序

1. 编辑编译源文件

新建工程 test 和源文件 test.c,输入并保存以下代码。

```
#include <stdio.h>
static char buff[256];
static char * string;
int main()
{
    printf("please input a string:");
    gets(string);
    printf("\nyour string is: % s\n",string);
}
```

编译之后执行文件,在提示符状态下输入字符串,按回车键之后,程序没有输出,如图 8.37 所示。

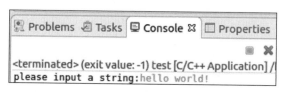

图 8.37　没有输出

2. 调试程序

首先应导入可执行文件,单击 File→Import 菜单命令,在弹出的向导对话框中单击 C/C++文件夹,选择 C/C++Executable 选项,之后单击 Next 按钮,如图 8.38 所示。

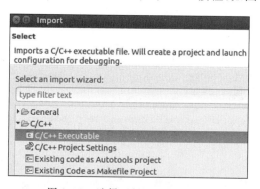

图 8.38　选择 C/C++Executable

在 Select binary parser 列表框中选择一个二进制解析器,在 Select executable 文本框中输入可执行文件的路径,完成后单击 Next 按钮继续,如图 8.39 所示。

在选择调试工程的对话框中输入一个工程名,可以用原有的工程名,也可以新建一个工程名。此次输入一个新的工程名"Debug_test",这样在调试时不用生成可执行文件也可执行,如图 8.40 所示。

在之后的对话框中选择默认设置即可,直至完成。

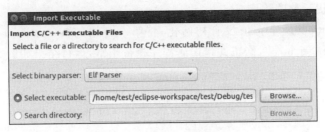

图 8.39　选择二进制解析器

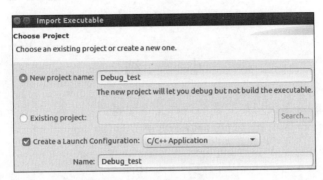

图 8.40　选择要调试的工程

3. 设置断点

在 C/C++ Editor 中，在想要添加断点的代码行的开头处双击，便能增加一个断点。由于本程序没有输出结果，所以把断点放在输出语句前，也就是第 7 行，如图 8.41 所示。

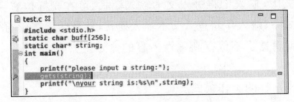

图 8.41　在某行代码上增加断点

4. 单步执行、查看变量的值

通过单击 Run→Step Into 菜单命令，或者使用 F5 快捷键来单步执行。当执行到断点处时会有错误提示，指出 gets() 没有可用的数据，如图 8.42 所示。

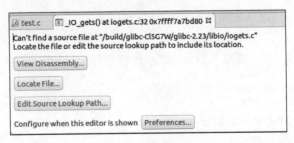

图 8.42　错误提示

5. 根据错误提示修改程序

根据错误提示,发现字符值没有初始化,将第 3 行语句"static char * string"修改为"static char * string＝buff",修正此错误后程序执行正常,运行结果如图 8.43 所示。

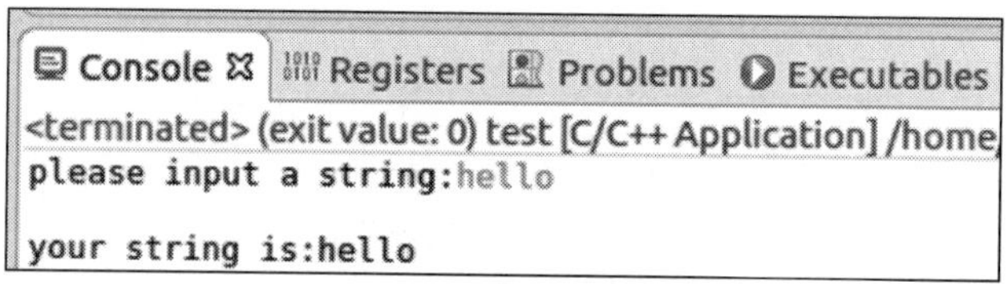

图 8.43 正常运行结果

小 结

本章介绍了 Linux 系统用得最多的两种文本编辑器:Gedit 和 vi/vim,并通过范例对 gcc 编译 C 语言的过程、gdb 调试过程进行了讲解。

习 题

1. 当使用 vi 编辑器时,以下哪个说法是错的?( )

　　A. 在命令模式下,输入 'O' 将在光标所在行之下新增一行并进入输入模式

　　B. 在命令模式下,输入 'a' 将进入文本输入模式,可在光标位置后输入新文本

　　C. 在命令模式下,输入 'i' 将进入文本输入模式,可在光标位置后输入新文本

　　D. 在命令模式下,输入 'I' 将进入文本输入模式,从光标所在行的行首开始插入新文本

2. 在 vi 中退出编辑器且不保存新编辑内容的命令是( )。

　　A. q 　　　　　　　　B. w 　　　　　　　　C. wq 　　　　　　　　D. q!

3. 以下哪一种不是 vi 的工作模式?( )

　　A. 命令模式 　　　　B. 删除模式 　　　　C. 编辑模式 　　　　D. 末行模式

4. 在 vi 编辑器中的命令模式下,输入( )可在光标当前所在行下添加一新行。

　　A. a 　　　　　　　　B. o 　　　　　　　　C. I 　　　　　　　　D. s

5. 在 vi 编辑器中,( )命令能将光标移到第 200 行。

　　A. 200g 　　　　　　B. :200 　　　　　　C. g200 　　　　　　D. G200

6. vi 下使用( )命令删除光标所在那一整行。

　　A. gg 　　　　　　　B. dd 　　　　　　　C. yy 　　　　　　　D. yG

7. 用 vi 打开一个文件,要用字符"new"来代替字符"old",应使用( )。

　　A:r/old/new 　　　　　　　　　　　B. :s/old/new

　　C. :1,$ s/old/new/g 　　　　　　　　D. :s/old/new/g

8. Ubuntu 中常用的文本编辑器有哪些?

9. 简述 gcc 的编译流程。

10. 上机练习:熟悉 Linux 文本编辑器的使用,熟悉 Linux 系统中编辑、编译、调试 C 程序的基本方法。

实验 8-1　vi 编辑器的使用

1. 实验目的

熟悉 vi 编辑器的使用。

2. 实验内容

(1) 在/root 这个目录下建立一个名为 vitest 的目录。

(2) 进入 vitest 这个目录当中,将/etc/manpath.config 复制到当前目录。

(3) 使用 vi 打开当前目录下的 manpath.config。

(4) 在 vi 中设置行号。

(5) 移动到第一行,并且向下搜索 pager 这个字符串,请问它在第几行?

(6) 接下来,要将 50~100 行的 man 改为 MAN,并且一个一个地选择是否需要修改。

(7) 修改完之后,再全部恢复。

(8) 复制第 66~75 行这 10 行的内容,到最后一行之后。

(9) 删除第 11~30 行。

(10) 将这个文件另存成一个名为 manpath.test.config 的文件。

(11) 将光标移到第 29 行,并且删除第 15 个字符。

(12) 统计目前的文件有多少行以及多少字符。

(13) 保存退出。

实验 8-2　Linux 中 C 程序的编辑、编译与调试

1. 实验目的

掌握 Linux 系统中编辑、编译、调试 C 程序的基本方法。

2. 实验内容

(1) 在 vi 中使用 C 语言编写一个 hello world 程序,用 gcc 编译它并运行。

(2) 在 Eclipse 中使用 C 语言编写一个循环程序,用 Eclipse 编译并运行。使用 Eclipse 的调试功能,监视循环变量的变化情况。

第 9 章   Shell 及其编程

本章学习目标

- 了解 Shell 的作用以及常用的几种 Shell。
- 熟悉 Shell 编程基础。
- 掌握 Shell 脚本的编写方法。

Linux Shell 也叫作命令行界面,它是 Linux 操作系统下传统的用户和计算机交互界面。用户直接输入命令来执行各种各样的任务。Shell 本身也具备相当强的可编程性,本章将对 Shell 下的编程方法进行全面介绍。

9.1   Shell 概述

Shell 就是可以接受用户输入命令的程序。之所以被称作 Shell,是因为它隐藏了操作系统底层的细节。同样的 UNIX 下的图形用户界面 GNOME 和 KDE,有时也被叫作"虚拟 Shell"或"图形 Shell"。

Linux 操作系统下的 Shell 既是用户交互的界面,也是控制系统的脚本语言。当然,这点有别于 Windows 下的命令行,虽然 Windows 下的命令行也提供了很简单的控制语句。在 Windows 操作系统下,可能有些用户从来都不会直接使用 Shell,然而在 Linux 系列操作系统下,Shell 仍然是控制系统启动、X-Window 启动和很多其他实用工具的脚本解释程序。

9.1.1   Bourne Shell

第一个标准 Linux Shell 是 1970 年年底在 V7 UNIX(AT&T 第 7 版)中引入的,并且以其资助者 Stephen Bourne 的名字命名。Bourne Shell 是一个交换式的命令解释器和命令编程语言。Bourne Shell 可以运行为 Login Shell 或者 Login Shell 的子 Shell。只有 login 命令可以调用 Bourne Shell 作为一个 Login Shell。此时,Shell 先读取/etc/profile 文件和 $ HOME/. profile 文件。/etc/profile 文件为所有的用户定制环境,$ HOME/. profile 文件为本用户定制环境。最后,Shell 会等待读取输入信息。

9.1.2   C Shell

C Shell 是 Bill Joy 在 20 世纪 80 年代初期由加利福尼亚大学伯克利分校开发的。它主要是为了让用户更容易地使用交互式功能,并把 ALGOL 风格适于数值计算的语法结构变成了 C 语言风格。它新增了命令历史、别名、文件名替换、作业控制等功能。

9.1.3　Korn Shell

在很长一段时间里，只有两类 Shell 供选择：Bourne Shell 用来编程，C Shell 用来交互。为了改变这种状况，AT&T 贝尔实验室的 David Korn 开发了 Korn Shell。Korn Shell 结合了所有的 C Shell 的交互式特性，并融入了 Bourne Shell 的语法。因此，Korn Shell 非常受用户的欢迎。它还新增了数学计算、进程协作、行内编辑等功能。Korn Shell 是一个交互式的命令解释器和命令编程语言，符合 POSIX 标准。

9.1.4　Bourne Again Shell

Bourne Again Shell 简称 Bash，1987 年由布莱恩·福克斯开发，也是 GNU 计划的一部分，用来替代 Bourne Shell。Bash 是大多数类 UNIX 系统以及 Mac OS X V10.4 默认的 Shell，甚至被移植到了 Microsoft Windows 上的 Cygwin 和 MSYS 系统中，以实现 Windows 的 POSIX 虚拟接口。此外，它也被 DJGPP 项目移植到了 MS-DOS 上。

Bash 的命令语法是 Bourne Shell 命令语法的超集。Bash 的语法针对 Bourne Shell 的不足做了很多扩展。数量庞大的 Bourne Shell 脚本大多不经修改即可以在 Bash 中执行，只有那些引用了 Bourne 特殊变量或使用了 Bourne 内置命令的脚本才需要修改。Bash 的命令语法很多来自 Korn Shell 和 C Shell，例如，命令行编辑、命令历史、目录栈、$RANDOM 和$PPID 变量以及 POSIX 的命令置换语法($(…))。作为一个交互式的 Shell，按下 Tab 键即可自动补全已部分输入的程序名、文件名、变量名等。

9.1.5　查看用户 Shell

用户可以使用的 Shell 都存放在/bin/目录下，可以使用命令 cat /etc/shells 来查看 Ubuntu 支持的 Shell，也可以使用 echo $SHELL 命令查看当前用户的 Shell，如图 9.1 所示。还可以查看其他用户的 Shell(可以在/etc/passwd 文件中看到)。

图 9.1　查看用户 Shell

9.2　Shell 脚本

9.2.1　Shell 脚本概述

Shell 编程就是编写 Shell 脚本。Shell 脚本是利用 Shell 的功能所编写的一个程序，这个程序使用纯文本文件，将一些 Shell 的语法与指令写在其中，然后用正规表示法、管线命令以及数据流重导向等功能，以达到所想要的处理目的。简单地说，Shell 脚本就是将各类 Shell 命令预先放入到一个文件中，方便一次性执行的一个程序文件，方便管理员进行设置

Shell 及其编辑

或者管理。

Shell 脚本与 Windows 下的批处理相似，最简单的功能就是将许多指令汇集在一起，让使用者很容易就能够通过一个操作执行多个命令。除此之外，Shell Script 还提供了数组、循环、条件以及逻辑判断等重要功能，让使用者可以直接以 Shell 来编写程序，而不必使用类似 C 程序语言等传统程序语言编写语法。所以它比 Windows 下的批处理功能更强大，效率也更高。

9.2.2 执行 Shell 脚本

1. Shell 脚本执行过程

Shell 脚本的执行与逐行手动输入 Shell 命令一样，按照脚本中命令的出现顺序，从上而下、从左而右地分析与执行，可以用"&"把脚本的执行放入后台，但是当脚本运行到最后不会等待这个进程的返回结果，而会直接结束脚本运行。该进程也会成为一个孤儿进程。解决方法是在脚本最后使用"wait"命令。

在 Shell 脚本中，命令、参数间的多个空白以及空白行都会被忽略掉，一般是读到一个Enter 符号（CR）或分号"；"，就尝试开始执行该行（或该串）的命令，如果一行的内容太多，则可以使用"\[Enter]"来扩展至下一行。比如输出一行长的字符串，如图 9.2 所示。

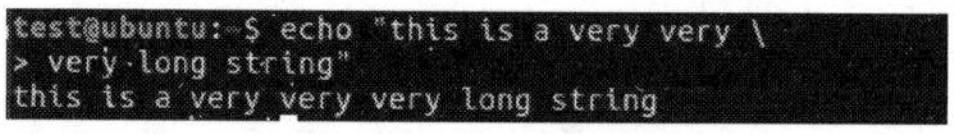

图 9.2 输出一行长的字符串

在 Shell 脚本中，如果需要注释，可以在行首加上"#"，任何加在"#"后面的数据将全部被视为注释文字而被忽略。

2. Shell 脚本执行方式

执行 Shell 脚本的方式基本上有以下 3 种。

1）直接命令执行

将 Shell 脚本的权限设置为可执行，然后在提示符下直接执行它。如果用户是使用文本编辑器（如 vi）建立 Shell 脚本，是不能直接执行的，因为直接编辑生成的脚本文件没有"执行"权限。如果要把 Shell 脚本当作命令直接执行，就需要利用命令 chmod 将它置为有"执行"权限。

根据当前路径的不同，脚本执行又分成两种形式。例如，执行/home/test/shell-test/test.sh 脚本，不管当前的工作目录在哪里，都可以使用/home/test/shell-test/ test.sh 命令直接执行；如果当前的工作目录就在/home/test/shell-test/目录下，那就可以使用. /test.sh 命令来执行，如图 9.3 所示。

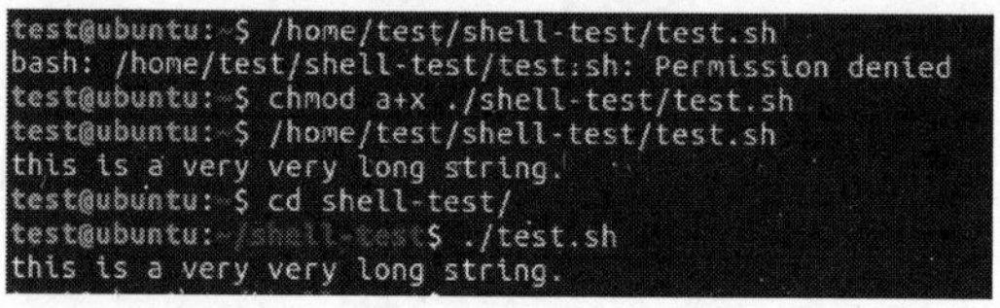

图 9.3 直接执行 Shell 脚本

在图 9.3 中第一个执行脚本命令,提示没有权限,使用 chmod 命令赋予脚本执行权限后,就可以执行了。

2）sh/bash［选项］脚本名

打开一个子 Shell 读取并执行脚本中的命令。该脚本文件可以没有"执行权限"。sh 或 bash 在执行脚本过程中,有以下 3 个选项。

-n——不要执行 Script,仅检查语法的问题。

-v——在执行 Script 前,先将 Script 的内容输出到屏幕上。

-x——进入跟踪方式,显示所执行的每一条命令,并且在行首显示一个"＋"号。

3）source 脚本名

在当前 Bash 环境下读取并执行脚本中命令。该脚本文件可以没有"执行权限"。通常用命令"."来替代。

9.3　Shell 脚本变量

Shell 脚本变量就是在 Shell 脚本程序中保存系统和用户所需要的各种各样的值,这个值就是变量。Shell 脚本变量可以分为系统变量、环境变量、用户自定义变量。

9.3.1　系统变量

Shell 常用的系统变量并不多,但却十分有用,特别是在做一些参数检测的时候,比如对参数判断和对命令返回值进行判断。Shell 常用的系统变量如表 9.1 所示。

表 9.1　Shell 常用的系统变量

变　量　名	功　　能
$＃	命令行参数的个数
$n	当前程序的第 n 个参数,n＝1,2,…,9
$0	当前程序的名称
$?	执行上一个指令或函数的返回值
$*	以"参数 1 参数 2……"形式保存所有参数
$@	以"参数 1""参数 2"……形式保存所有参数
$$	本程序的(进程 ID 号)PID
$!	上一个命令的 PID
$－	显示 Shell 使用的当前选项,与 set 命令功能相同

范例:分析名为 sysvar.sh 脚本的运行结果。sysvar.sh 脚本的代码如下。

```
#!/bin/sh
# This file is used to explain the application of system variables.
echo "\$1 = $1; \$2 = $2";
echo "the number of parameter is $#";
echo "the return code of last command is $?";
echo "the script name is $0";
echo "the parameters are $*";
echo "the parameters are $@";
```

sysvar.sh 脚本的运行结果如图 9.4 所示。

```
test@ubuntu:~$ bash sysvar.sh tom cat
$1=tom;$2=cat
the number of parameter is 2
the return code of  last command is 0
the script name is sysvar.sh
the parameter is tom cat
the parameter is tom cat
```

图 9.4　sysvar.sh 脚本的运行结果

9.3.2　环境变量

当登录系统的时候,首先会获得一个 Shell,它占据一个进程,之后输入的命令都属于这个 Shell 进程的子进程。在选择了这个 Shell 之后,同时就获得一些环境设定,即环境变量。用户的行为要受到环境变量的一定约束,同时环境变量也可以帮助我们实现很多功能,包括主目录的变换、自定义显示符的提示方法、设定执行文件查找的路径等。常用的环境变量如表 9.2 所示。

表 9.2　常用的环境变量

变 量 名	功 　 能
PATH	命令搜索路径,以冒号为分隔符。但当前目录不在系统路径里
HOME	用户 home 目录的路径名,是 cd 命令的默认参数
COLUMNS	定义了命令编辑模式下可使用命令行的长度
EDITOR	默认的行编辑器
VISUAL	默认的可视编辑器
FCEDIT	命令 fc 使用的编辑器
HISTFILE	命令历史文件
HISTSIZE	命令历史文件中最多可包含的命令条数
HISTFILESI	命令历史文件中包含的最大行数
IFS	定义 Shell 使用的分隔符
LOGNAME	用户登录名
MAIL	指向一个需要 Shell 监视修改时间的文件。当该文件修改后,Shell 发送消息"You have mail"给用户
MAILCHECKShell	检查 MAIL 文件的周期,单位是 s
MAILPATH	功能与 MAIL 类似,但可以用一组文件,以冒号分隔,每个文件后可在 SHELLShell 的路径名跟一个问号和一条发向用户的消息
TERM	终端类型
TMOUTShell	自动退出的时间,单位为 s,0 为禁止 Shell 自动退出
PROMPT_COMMAND	指定在主命令提示符前应执行的命令
PS1	主命令提示符
PS2	二级命令提示符,命令执行过程中要求输入数据时用
PS3	Select 的命令提示符
PS4	调试命令提示符
MANPATH	寻找手册页的路径,以冒号分隔
LD_LIBRARY_PATH	寻找库的路径,以冒号分隔

148

可以利用两个命令来查看系统中的默认环境变量,分别是 env 与 export。

范例:使用 env 命令查看环境变量,并分析。为了方便查看,使用重定向命令将环境变量存储到 enviroment 文件中,相关命令为"env＞enviroment",然后使用编辑器打开该文件,如图 9.5 所示。

```
XDG_VTNR=7
LC_PAPER=zh_CN.UTF-8
LC_ADDRESS=zh_CN.UTF-8
XDG_SESSION_ID=c2
XDG_GREETER_DATA_DIR=/var/lib/lightdm-data/test
LC_MONETARY=zh_CN.UTF-8
CLUTTER_IM_MODULE=xim
SESSION=ubuntu
```

图 9.5   使用 env 命令查看环境变量

9.3.3   用户自定义变量

用户自定义变量是 Shell 脚本中最常用的变量。用户定义的变量由字母、数字及下画线组成,并且变量名的第一个字符不能为数字,而且变量名是区分大小写的。最重要的一点,Shell 中的变量与 C 语言中的变量完全不同,不用声明即可使用,给变量赋值的同时也就声明了变量。

以下变量都是不合法的。

```
desk&123                  // 变量名中不能包含除字母、数字及下画线以外的字符
456abc                    //变量名的第一个字符不能为数字
```

以下变量都是合法的。

```
desk123、_abc1、_123、Add_99
```

9.3.4   变量的使用

1. 变量值的引用与输出

引用变量时,需要在变量名前面加上 $ 符号。输出变量时用 echo。例如,变量 day 的值为 monday,在输出变量 day 时,即 echo $day。如果变量恰巧包含在其他字符串中,为了区分变量和其他字符串,就需要用{}将变量名包括进来。变量的引用如图 9.6 所示。

```
test@ubuntu:~$ day=monday
test@ubuntu:~$ echo $day
monday
test@ubuntu:~$ echo "today is ${day}"
today is monday
```

图 9.6   变量的引用

2. 变量的赋值和替换

Shell 中的变量不用声明即可使用,给变量赋值的同时也就声明了变量。给变量赋值的方式为"变量名＝值"。例如:

```
day = monday             //给变量 day 赋值 monday
```

string = welcome!　　　　//给变量 string 赋值 welcome!

此处需要特别注意,给变量赋值的时候,不能在"="两边留空格,否则 Shell 不会认为变量被定义,如图 9.7 所示。

图 9.7　变量赋值

变量在使用过程中,可以对变量的值重置、清空和替换。重置就相当于赋给这个变量另外一个值。清空某一变量的值可以使用 unset 命令。其形式如下。

unset day　　　　　　//清空变量 day 的值

可以有条件地替换变量,即只有某种条件发生时才进行替换。替换条件放在一对大括号{}中,其形式如下。

$ {variable: - value}

其中,variable 是变量名,value 是变量的替换值。示例如图 9.8 所示。

图 9.8　变量的替换 1

可以看出,如果变量为空时,在替换过程中,变量的值并没有改变。如果变量不为空时,变量替换将使用命令行中定义的默认值。与此相对应的另一种替换的方法是,变量为空时替换,而且变量的值会发生改变。其形式如下。

$ {variable: = value}

其中,variable 是变量名,value 是变量的替换值。示例如图 9.9 所示。

图 9.9　变量的替换 2

第三种变量的替换方法是只有当变量已赋值时才用指定值替换,其形式如下。

$ {variable: + value}

其中,variable 是变量名,value 是变量的替换值。只有变量 variable 已赋值时,其值才用 value 替换,否则不进行任何替换。示例如图 9.10 所示。

图 9.10　变量的替换 3

9.3.5　数字与数组的声明和使用

1. 数字与数组的声明

Shell 中默认的赋值是对字符串赋值,例如执行以下脚本,就会发现这个现象,如图 9.11 所示。

如果要对数字或数组进行声明,则要使用到 declare 命令。例如,将上例的脚本做如下修改,即可按照用户的意图执行,如图 9.12 所示。

图 9.11　默认的赋值方式

图 9.12　数字的声明

在图 9.12 中可以看到,declare 命令有选项"-i",declare 命令的格式如下。

declare [+ / −] [选项] variable

命令中使用的选项的含义如下。

- + / −——"−"可用来指定变量的属性,即开启类型;"+"则是关闭变量所设的属性。

-a——将后面名为 variable 的变量定义成为数组(array)类型。

-i——将后面名为 variable 的变量定义成为整数数字(integer)类型。

-x——将后面的 variable 定义为环境变量。

-r——将变量设置成 readonly 类型,该变量不可被更改内容,也不能重设。

-f——将后面的 variable 定义为函数。

2. 数组的使用

在 Shell 中定义了数组后,对数组赋值时,数组下标从 0 开始,且范围没有任何限制,同时也不必使用连续的分量。有以下两种方式。

```
name = (value1 … valuen)        //此时下标从 0 开始
name[ index ] = value           //index 为下标,从 0 开始
```

例如,对数组进行声明并赋值的方法如下。

```
declare -a name = (a b c d e f)    //此时数组下标从 0 开始
name[0] = A                        //将第一个元素 a 修改为 A
```

Shell 及其编辑

```
name[9] = j                          //将第 10 个元素赋值为 j
```

在取数组中的元素的时候,语法形式如下。

```
echo ${array[index]}
```

其中,array 是数组名,index 是数组的下标,下标 index 是从 0 开始计数的。如果想要取数组的全部元素,则要使用"echo ${array[@]}",其中,array 是数组名,@代表取全部元素。示例如图 9.13 所示。

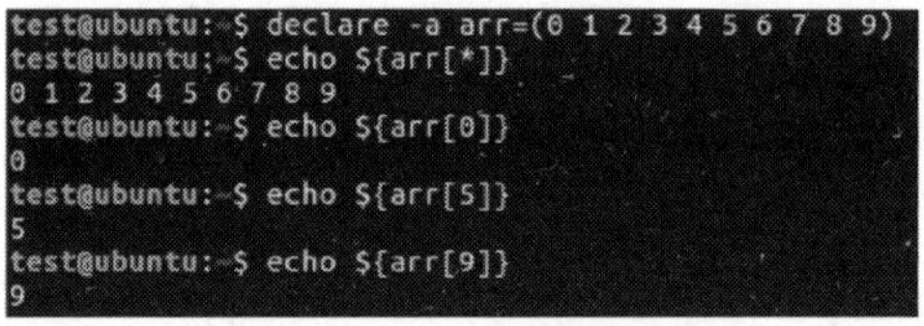

```
test@ubuntu:~$ declare -a arr=(0 1 2 3 4 5 6 7 8 9)
test@ubuntu:~$ echo ${arr[*]}
0 1 2 3 4 5 6 7 8 9
test@ubuntu:~$ echo ${arr[0]}
0
test@ubuntu:~$ echo ${arr[5]}
5
test@ubuntu:~$ echo ${arr[9]}
9
```

图 9.13　取数组的元素

9.3.6　Shell 的输入/输出

1. echo 输出命令

使用 echo 可以输出文本或变量到标准输出,或者把字符串输入到文件中,它的一般形式为:

```
echo [选项] 字符串
```

命令中常用的选项有以下两个。

-n——输出后不自动换行。

-e——启用"\"字符的转换。若字符串中出现以下字符,则特别加以处理,而不会将它当成一般文字输出。

　　\a——发出警告声。

　　\b——删除前一个字符。

　　\c——最后不加上换行符号。

　　\f——换行但光标仍旧停留在原来的位置。

　　\n——换行且光标移至行首。

　　\r——光标移至行首,但不换行。

　　\t——插入 Tab。

　　\v——与"\f"相同。

　　\\——插入"\"字符。

　　\x——插入十六进制数所代表的 ASCII 码字符。

范例: 不换行输出字符"hello world!"

命令的执行过程和结果如图 9.14 所示。

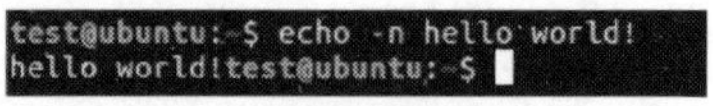

```
test@ubuntu:~$ echo -n hello world!
hello world!test@ubuntu:~$
```

图 9.14　不换行输出

\t 和\n 的应用,命令的执行过程和结果如图 9.15 所示。

图 9.15 "\"字符的转换 1

\x 的应用,命令的执行过程和结果如图 9.16 所示。

图 9.16 "\"字符的转换 2

2. read 输入命令

使用 read 语句可以从键盘或文件的某一行文本中读入信息,并将其赋给一个变量,如果只指定了一个变量,那么 read 将会把所有的输入赋给该变量,直到遇到第一个文件结束符或回车键。它的一般形式为:

read variable1 variable2…

如果给出了多个变量,Shell 将用空格作为变量之间的分隔符。如果输入文本域过长,Shell 将所有超长部分赋予最后一个变量。使用 read 语句为 name、sex、age 这 3 个变量分别赋值:rose、female、30,命令的执行过程如图 9.17 所示。

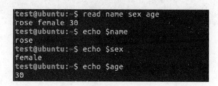

图 9.17 使用 read 命令输入

除了 echo、read 之外,还有前面介绍过的 cat 命令以及输入/输出重定向和管道都可以用来完成输入或输出的工作,此处不再赘述。

9.3.7 运算符和特殊字符

1. 运算符

Shell 拥有自己的运算符,Shell 的运算符及优先级的结合方式如表 9.3 所示。

表 9.3 Shell 运算符及优级的结合方式

运 算 符	解 释	结 合 方 式
( )	括号(函数等)	从左至右
[ ]	数组	从左至右
! ~	取反 按位取反	从左至右
++ --	增量 减量	从左至右
+-	正号 负号	从左至右
* / %	乘法 除法 取模	从左至右
+-	加法 减法	从左至右

Shell 及其编辑

续表

运　算　符	解　　释	结 合 方 式
«　　»	左移　右移	从左至右
≪　=	小于　小于或等于	从左至右
≫　=	大于　大于或等于	从左至右
==!=	等于　不等于	从左至右
&	按位与	从左至右
^	按位异或	从左至右
		按位或	从左至右
&&	逻辑与	从左至右
||	逻辑或	从左至右
?:	条件	从右至左
+=　*=　/=　&=	赋值	从右至左
^=　|=　≪=　≫=	赋值	从右至左

范例：不管文件/home/test/abc 是否存在,执意要创建/home/test/abc/test 文件,命令的执行过程如图 9.18 所示。

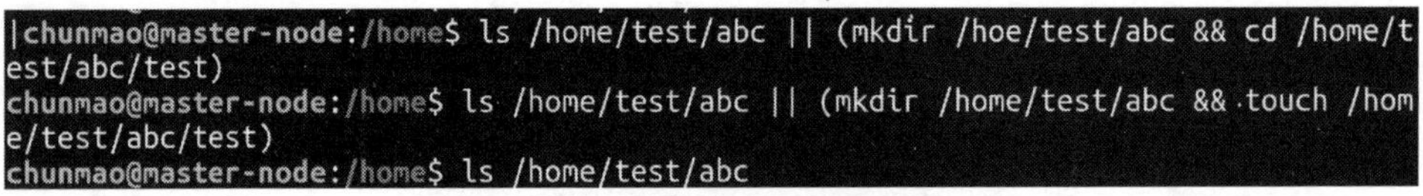

```
chunmao@master-node:/home$ ls /home/test/abc || (mkdir /hoe/test/abc && cd /home/test/abc/test)
chunmao@master-node:/home$ ls /home/test/abc || (mkdir /home/test/abc && touch /home/test/abc/test)
chunmao@master-node:/home$ ls /home/test/abc
```

图 9.18　逻辑运算示例

2. 特殊字符

与其他编程语言一样,Shell 脚本里也有一些特殊用途的字符。常见的有引号、反斜线(\)、注释符号♯。

1）反斜线(\)

反斜线是转义字符,它告诉 Shell 不要对其后面的那个字符进行特殊处理,只当作普通字符即可。例如,$｛arr[@]｝的前面如果加了反斜线,那么它就是普通字符,而不是数组。命令的执行过程如图 9.19 所示。

图 9.19　反斜线的应用

在 Shell 中引号情况比较复杂,分为 3 种：单引号('')、双引号("")和反引号(')。它们的作用都不相同,下面一一进行介绍。

2）双引号("")

由双引号括起来的字符,除 $ 、反斜线和反引号几个字符仍是特殊字符并保留其特殊功能外,其余字符仍作为普通字符对待。示例如图 9.20 所示。

```
test@ubuntu:~$ path=/usr/bin/
test@ubuntu:~$ string="$path\\\$path"
test@ubuntu:~$ echo $string
/usr/bin/\$path
```

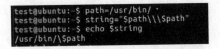

图 9.20　双引号的应用

3）单引号('')

由单引号括起来的字符都作为普通字符出现。特殊字符用单引号括起来以后，也会失去原有意义，而只作为普通字符解释。示例如图 9.21 所示。

```
test@ubuntu:~$ string='$name'
test@ubuntu:~$ echo $string
$name
```

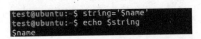

图 9.21　单引号的应用

4）反引号(')

反引号(')字符所对应的键一般位于键盘的左上角，不要将其同单引号混淆。反引号括起来的字串被 Shell 解释为命令行，在执行时，Shell 首先执行该命令行，并以它的标准输出结果取代整个反引号部分。示例如图 9.22 所示。

```
test@ubuntu:~$ pwd
/home/test
test@ubuntu:~$ string="current directory is `pwd`"
test@ubuntu:~$ echo $string
current directory is /home/test
```

图 9.22　反引号的应用

5）注释符号

在 Shell 编程或 Linux 的配置文档中，经常要对某些正文行进行注释，以增加程序的可读性。在 Shell 中以字符＃开头的正文行表示注释行。

9.4　Shell 控制结构

和其他编程语言一样，使用 Shell 脚本编程时，也可以对程序的流程进行控制，可以使用 if 语句、case 语句、for 语句、while 语句和 until 语句等。

9.4.1　test 命令

如果对程序的流程进行控制，首先要对条件进行判断，在 Shell 脚本中实现这一功能的就是 test 命令。test 命令用于检查某个条件是否成立，如果条件为真，则返回一个 0 值；如果表达式不为真，则返回一个非 0 的值，也可以将其称为假值。test 命令不会产生标准输出。它的使用语法如下。

```
test expression 或者[ expression ]          //中括号和 expression 之间必须留有空格
```

在这两种情况下，test 都判断一个表达式，然后返回真或假。如果它和 if 语句、while 语句或 until 语句结合使用，就可以对程序流进行控制。表达式一般是字符串、整数或文件和目录属性，并且可以包含相关的运算符。运算符可以是字符串运算符、整数运算符、文件运算符或布尔运算符,下面将分别介绍每一种运算符及相应的 test 命令。

1. 整数运算符

在 test 命令中,用于比较整数的关系运算符如表 9.4 所示。

表 9.4　比较整数的关系运算符

运　算　符	解　　释
-eq	两数值相等(equal)
-ne	两数值不等(not equal)
-gt	n1 大于 n2(greater than)
-lt	n1 小于 n2(less than)
-ge	n1 大于或等于 n2(greater than or equal)
-le	n1 小于或等于 n2(less than or equal)

范例:使用 test 命令判断两个数的大小,并查看返回值情况。示例如图 9.23 所示。

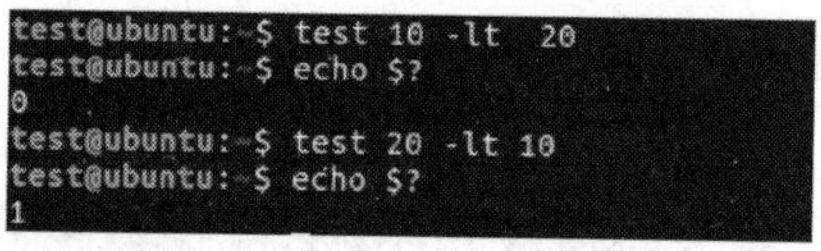

图 9.23　判断两个数的大小

2. 字符串运算符

用于字符串比较时,test 的关系运算符如表 9.5 所示。

表 9.5　比较字符串的关系运算符

运　算　符	解　　释
-z string	判断字符串 string 是否为 0,若 string 为空字符串,则为 true
-n string	判断字符串 string 是否为非 0,若 string 为空字符串,则为 false
trl＝str2	判断两个字符串 str1 和 str2 是否相等,若相等,则为 true
str1！＝str2	判断两个字符串 str1 和 str2 是否不相等,若不相等,则为 true

范例:使用 test 命令判断两个字符串是否相等,并查看返回值情况。示例如图 9.24 所示。

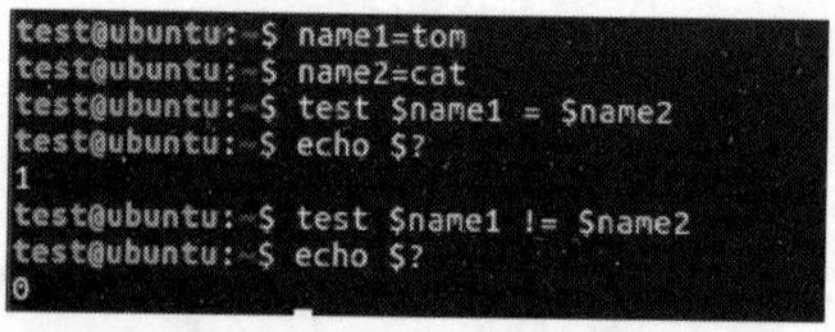

图 9.24　判断两个字符串是否相等

3. 文件运算符

用于文件和目录属性比较时,test 的关系运算符如表 9.6 所示。

表 9.6　比较文件和目录属性的关系运算符

运　算　符	解　释
-e　file	判断 file 文件名是否存在
-f　file	判断 file 文件名是否存在且为文件
-d　file	判断 file 文件名是否存在且为目录(directory)
-b　file	判断 file 文件名是否存在且为一个 block device
-c　file	判断 file 文件名是否存在且为一个 character device
-S　file	判断 file 文件名是否存在且为一个 Socket
-P　file	判断 file 文件名是否存在且为一个 FIFO(pipe)
-L　file	判断 file 文件名是否存在且为一个连接文件
-r　file	判断 file 文件名是否存在且具有"可读"权限
-w　file	判断 file 文件名是否存在且具有"可写"权限
-x　file	判断 file 文件名是否存在且具有"可执行"权限
-u　file	判断 file 文件名是否存在且具有"SUID"属性
-g　file	判断 file 文件名是否存在且具有"SGID"属性
-k　file	判断 file 文件名是否存在且具有"Sticky bit"属性
-s　file	判断 file 文件名是否存在且为"非空白文件"
file1-nt file2	判断 file1 是否比 file2 新(newer than)
file1-ot file2	判断 file2 是否比 file2 旧(older than)
file1-ef file2	判断 file1 与 file2 是否为同一文件

范例：判断文件是否存在,并查看返回值情况,示例如图 9.25 所示。

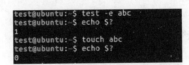

图 9.25　判断文件是否存在

4. 逻辑运算符

test 命令中的逻辑运算符如表 9.7 所示。

表 9.7　test 命令中的逻辑运算符

运　算　符	解　释
-a	逻辑与
-o	逻辑或
!	逻辑非

范例：判断 $ num 的值是否在 10～20,命令的执行过程如图 9.26 所示。

图 9.26　逻辑运算符应用

157

第9章

Shell 及其编辑

9.4.2 if 语句

Shell 脚本程序中的条件分支一般都是通过 if 条件语句来实现的。if 语句的结构分为单分支的 if 语句、双分支的 if 语句、多分支的 if 语句 3 种。

1. 单分支的 if 语句

单分支的 if 语句是最简单的选择结构,这种结构只判断指定的条件,当条件成立时执行相应的操作,否则不做任何操作,语句格式如下。

```
if 条件测试命令
then
    命令序列
fi
```

在上面的语句中,首先通过 if 判断条件测试命令的返回值是否为 0(条件成立),如果是,则执行 then 后面的一条或多条可执行语句,一直到 fi 为止表示结束;如果返回值不为 0(也就是不成立),则直接去执行 fi 后面的语句。

范例:输入一个整数,判断该数是否等于 0,如果等于 0,输出"the number of you input is 0",否则什么也不做。该脚本如下。

```
#!/bin/bash
    read -p "please input a number:" num        //输入一个整数
    if [ "$num" == 0 ]                           //判断是否等于 0
    then echo "the number of you input is 0"
    fi
```

现在看一下这个脚本的执行结果,如图 9.27 所示。

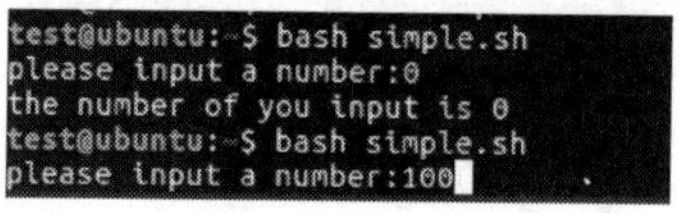

图 9.27 简单 if 语句的执行结果

2. 双分支的 if 语句

双分支的 if 语句在条件成立或不成立的时候分别执行不同的命令序列,其格式如下:

```
if 条件测试命令
then
命令序列 1
else
命令序列 2
fi
```

在上面的语句中,首先通过 if 判断条件测试命令的返回值是否为 0(条件成立),如果是,就执行 then 下面的命令序列 1,然后跳转到 fi 结束;如果返回值不为 0(也就是不成立),就执行 else 后面的命令序列 2,一直到 fi 结束。

3. 多分支的 if 语句

在 Shell 脚本中,if 语句能够嵌套使用,进行多次判断,其格式如下。

```
if 条件测试命令 1
then
命令序列 1
elif 条件测试命令 2
then
命令序列 2
else
命令序列 3
fi
```

在上面的语句中,首先通过 if 判断条件测试命令 1 的返回值是否为 0(条件成立),如果是,就执行 then 下面的命令序列 1,然后跳转到 fi 结束;如果返回值不为 0(也就是不成立),接着会判断条件测试命令 2 的返回值是否为 0(条件成立),如果是,就执行 then 下面的命令序列 2,然后跳转到 fi 结束;否则执行命令序列 3。一直到 fi 结束。

范例:编写脚本,判断用户输入的字符,如果是 y 或者 Y,则输出"OK,please continue";如果是 n 或者 N,则输出"please try again",否则输出"please input y/Y or n/N"。该脚本如下。

```
#!/bin/bash
read – p "please input a (Y/N):" str          //输入一个字符
if [ "＄str" == "Y" ] || [ "＄str" == "y" ]    //判断字符是否等于 y 或者 Y
 then echo "OK,please continue"
elif [ "＄str" == "N" ] || [ "＄str" == "n" ]   //判断字符是否等于 n 或者 N
then echo "please try again"
else
echo "please input y/Y or n/N"
fi
```

脚本的执行结果如图 9.28 所示。

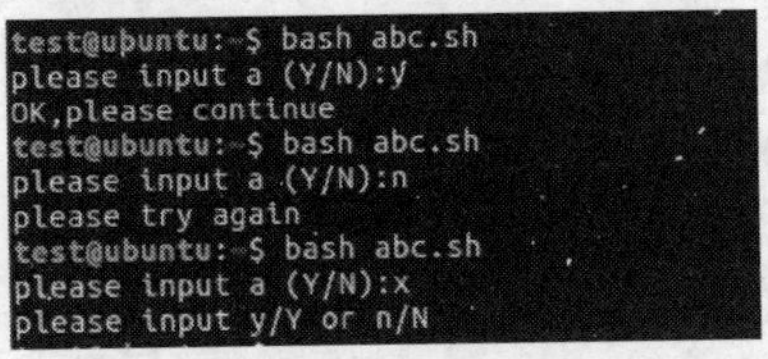

图 9.28　多分支 if 语句的执行结果

9.4.3　case 语句

在 Shell 脚本中,除了 if 语句外,还有一个重要的条件分支语句,即 case 语句,其含义与 C 语言中的 switch 语句类似。case 语句的格式如下。

```
case ＄变量名 in
模式 1)
命令序列 1
;;
模式 2)
命令序列 2
;;
*)
```

默认执行的命令序列
esac

在上面的语句中,case 行尾必须为单词"in",每一个模式必须以右括号")"结束。两个分号";;"表示命令序列结束。匹配模式中可使用方括号表示一个连续的范围,如[0~9];使用竖杠符号"|"表示或。最后的"*)"表示默认模式,当使用前面的各种模式均无法匹配该变量时,将执行"*)"后的命令序列。

范例:编写脚本 Shell,从键盘输入 1、2、3 三个数字。输入 1 时,输出"the number of you input is 1";输入 2 时,输出"the number of you input is 2";输入 3 时,输出"the number of you input is 3";否则输出"the number of you input is not 123 "。使用 case 实现的脚本如下。

```
#!/bin/bash
read -p "please input a (Y/N):" num          //输入一个整数
case $num in
    1)echo "the number of you input is 1"
    ;;
    2)echo "the number of you input is 2"
    ;;
    3)echo "the number of you input is 3"
    ;;
    *)echo "the number of you input is 1 2 3"
    ;;
esac
```

脚本的执行结果如图 9.29 所示。

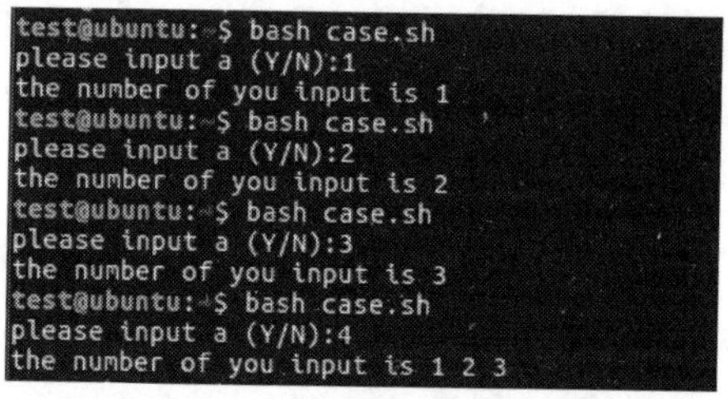

图 9.29　case 语句的执行结果

9.4.4　while 语句

while 语句是 Shell 提供的一种循环机制,当条件为真时,它允许循环体中的命令继续执行,否则退出循环。while 语句的格式如下。

```
while [ 条件测试命令 ]
do
命令序列
done
```

while 语句执行的过程如下。

（1）执行条件测试命令。

（2）如果条件测试命令的返回值为0（真），执行命令序列。

（3）回到第（1）步。

（4）直到条件测试命令的返回值不为0（假），跳出循环，执行 done 后的命令。

范例：编写脚本，输入整数 n，计算 1～n 的和，使用 while 语句实现的脚本如下。

```
#!/bin/bash
read -p "please input a number:" n
sum = 0
i = 1
while [ $i -le $n ]                //循环条件
    do
    sum = $[ $sum + $i]            //每次累加1
    i = $[ $i + 1]                 //每次i自增1
done
echo "the sum of '1 + 2 + 3 + ...n' is $sum"
```

脚本的执行结果如图 9.30 所示。

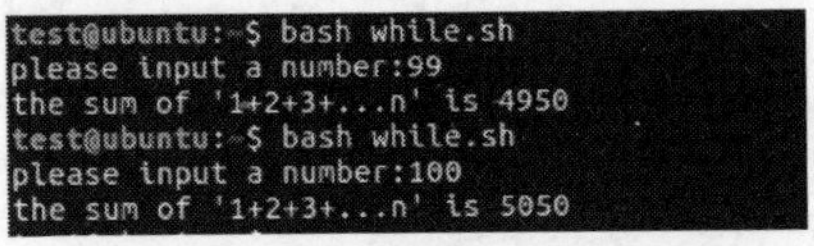

图 9.30 while 语句的执行结果

9.4.5 until 语句

while 语句是当条件为真时，允许循环体中的命令继续执行，否则退出循环。而 until 语句则是当条件满足时退出循环，否则执行循环。until 语句的格式如下。

```
until [  条件测试命令 ]
do
命令序列
done
```

until 语句执行的过程如下。

（1）执行条件测试命令。

（2）如果条件测试命令的返回值非0（假），执行命令序列。

（3）回到第（1）步。

（4）直到条件测试命令的返回值为0（真），跳出循环，执行 done 后的命令。

范例：编写脚本，输入整数 n，计算 1～n 的和，使用 until 语句实现的脚本如下。

```
#!/bin/bash
read -p "please input a number:" n
sum = 0
i = 1
until [ $i -gt $n ]                //循环条件
  do
```

```
    sum = $ [ $ sum + $ i]                        //每次累加 1

    i = $ [ $ i + 1]                              //每次 i 自增 1
    done
    echo "the sum of '1 + 2 + 3 + ... + n' is $ sum"
```

9.4.6 for 语句

Shell 脚本中用得较多的循环语句是 for 语句,for 语句的格式如下。

```
for 变量名 in 取值列表
do
命令序列
done
```

使用 for 循环时,可以为变量设置一个取值列表,每次读取列表中不同的变量值并进行相关命令操作,变量值用完以后则退出循环。

范例:编写脚本,输入整数 n,计算 1～n 的和,使用 for 语句实现的脚本如下。

```
# ! /bin/bash
read − p "please input a number:" n
sum = 0
i = 1
for i in 'seq 1 $ n'                    //循环条件,使用整数序列,可以使用 seq 命令
  do
  sum = $ [ $ sum + $ i]
i = $ [ $ i + 1]
done
echo "the sum of '1 + 2 + 3 + ... + n' is $ sum"
```

9.4.7 循环控制语句

在程序的执行过程中,若需要结束本次循环或者直接退出循环,可用 Shell 中提供的 break 和 continue 语句来对循环进行控制。

1. break 语句

break 即中断的意思,break 语句可以应用在 for、while 和 until 循环语句中,用于强行退出循环,也就是忽略循环体中任何其他语句和循环条件的限制。

范例:编写脚本,输入整数 n,但只计算 1～10 的和,可以使用 break 语句跳出循环。实现的脚本如下。

```
# ! /bin/bash
read − p "please input a number:" n
sum = 0
i = 1

for i in 'seq 1 $ n'
  do
  if [ $ i − gt 10 ]                    //嵌套 if 语句,判断是否大于 10
    then
```

```
break                    //如果大于 10,直接跳出循环
fi
sum = $ [ $ sum + $ i]
i = $ [ $ i + 1]
done
echo "the sum of '1 + 2 + 3 + ... + n' is $ sum"
```

2. continue 语句

continue 语句应用在 for、while 和 until 语句中,用于让脚本跳过其后面的语句,执行下一次循环。

范例:编写脚本,输入整数 n,但只计算 1～n 中的奇数和,可以使用 continue 语句实现。实现的脚本如下。

```
#!/bin/bash
read − p "please input a number:" n
sum = 0
i = 1
for i in 'seq 1 $ n'
do
    if [ $ [ $ i % 2] − eq 0 ]//嵌套 if 语句,判断是否为偶数
    then
    i = $ [ $ i + 1]//如果是偶数,i 自增 1
    continue//跳出本次循环,执行下一次循环
    fi
    sum = $ [ $ sum + $ i]
    i = $ [ $ i + 1]
done
echo "the sum of '1 + 2 + 3 + ... + n' is $ sum"
```

9.5 Shell 函数

Shell 一个非常重要的特性是它可作为一种编程语言来使用。但是,因为 Shell 只是一个命令解释器,不能对为它编写的脚本程序进行编译,每次都是从磁盘加载这些程序后,才对命令进行解释。而程序的加载和解释都是非常耗时的。针对此问题,Shell 提供了函数的功能。Shell 函数允许将一组命令或语句形成一个可用语句块。Shell 把函数块存放在内存中,这样每次需要执行它们时就不必再从磁盘读入,节省了程序加载的时间。Shell 还以一种内部格式来存放这些函数,又节省了解释的时间。

9.5.1 函数的声明

函数在使用前必须声明,然后才可以在 Shell 脚本中执行,声明一个函数可以采用以下两种格式。

```
function 函数名()
{
命令 1
```

```
   ...
   }
```

或者

```
函数名()
{ //此时,函数名后的括号不能省略
命令 1
...
}
```

可以看出,函数由两部分组成:函数名和函数体。函数名就是函数的名字,在函数调用时使用。函数体是函数内的脚本命令集合。函数可以放在同一个文件中作为一段代码,也可以放在只包含函数的单独文件中。

范例:定义一个函数,脚本如下。

```
#!/bin/bash
hello ()
{
    echo "today's date is 'date'"
}
```

但是,这样的一个脚本执行后什么都不会显示。因为在脚本中只是定义了一个函数,而没有调用它。将脚本的代码修改一下:

```
#!/bin/bash
hello ()
{
    echo "today's date is 'date'"
}
hello                        //通过函数名调用上面定义的函数
```

这个脚本的执行结果如图 9.31 所示。

图 9.31 调用函数的执行结果

9.5.2 函数的调用

函数的调用很简单,如果在同一个脚本中,使用函数名直接就可以调用函数,如前面的例子所示。如果函数在另外一个脚本中,就要使用下面的方法来调用。现在有两个脚本文件/home/test/func. sh 和/home/test/Shell-test/while. sh,它们不在同一目录。其中,脚本 func. sh 的代码很简单:

```
#!/bin/bash
    echo "today's date is 'date'"
```

而另一个脚本/home/test/shell-test/while. sh 的代码中定义了函数,代码如下。

```
#!/bin/bash
```

```
function haha {
n = 50
sum = 0
i = 1
for i in 'seq 1 $ n'
  do
  sum = $ [ $ sum + $ i]
  i = $ [ $ i + 1]
done
echo "the sum of '1 + 2 + 3 + ... + n' is $ sum"
}
haha
```

那么怎么在 func.sh 中调用 while.sh 函数呢？只需要将 func.sh 的代码修改为：

```
# !/bin/bash
echo "today's date is 'date'"
bash /home/test/shell - test/while.sh      //调用 while.sh()函数
```

9.5.3　函数的参数传递

在函数调用的过程中，如果有参数要传递时，参数直接跟在函数名的后面，不用括号括起来，如下所示。

函数名 参数 1 参数 2 …… …

范例：编辑脚本，在脚本中用函数计算 1～n 的和，调用函数是将参数 100 传递给函数，代码如下。

```
# !/bin/bash
function haha {
sum = 0
i = 1
n = $ 1                              //将函数传递过来的第一个参数赋给 n
for i in 'seq 1 $ n'
  do
  sum = $ [ $ sum + $ i]
  i = $ [ $ i + 1]

done
echo "the sum of '1 + 2 + 3 + ... + n' is $ sum"
}
haha 100                             //直接调用函数 haha,并传递参数 100
```

从上例可以看出，函数间参数传递要用到系统变量 $ n, $ 1 表示函数调用时传递过来的第一个参数，$ 2 表示第二个参数，以此类推。

9.5.4　Shell 编程的综合运用

学习 Shell 编程，最重要的就是灵活运用，接下来将通过两个例子介绍通过 Shell 实现一些较为烦琐复杂的任务。

范例 1：实现一次性添加多个带有主目录和指定 Bash 的用户，并修改其主目录的所有者，设置好默认密码。通过输入的数值确定该次创建多少个用户。

```sh
#!/bin/sh
read - p "please input a number:" maxuser

function makeuser() {
i = 0
while (( $ i < $ 1))
do
  useradd username $ i - m - s /bin/bash;
  chown - R username $ i: /home/username $ i
  echo username $ i:1234 | chpasswd          //为创建的用户设定默认密码
  echo "already bulid username $ i"
  i = $ ((i + 1))
done
echo "have done"
exit
}
makeuser $ maxuser
```

范例 2：计算/home/test/下的所有以.sh 为扩展名的文件大小，并决定是否要对这些文件压缩到指定的文件夹。在许多工作中，对特定的文件进行压缩是十分烦琐的工作，例如，对每天都产生的日志文件进行压缩保存时就需要批量操作，Shell 编程可以批量地完成这项工作，节约了时间。

```bash
#!/bin/bash
function he {
for i in $ (find /home/hadoop/ - iname '*.sh')
do
du - sh $ i
done
read - p "it is need to compres?please input yes or enter anythings:" n
if [ "$ n" == "yes" ]
    then
    for i in $ (find /home/hadoop/ - iname '*.sh')
        do
        tar - cvPf $ i.tar $ i;
        sudo mv $ i.tar /home/hadoop/zipfile;
        done
else
    echo "do nothing"
fi
echo 'have done'
 }
he
```

从上面的两个例子来看，合理地运用 Shell 编程可以很简单地实现很多复杂重复的工作，这是手动操作很难在短时间实现的。根据自己的需求合理灵活地编写 Shell 程序，这是学习该语言最为重要的任务之一。

9.6　应用实例

1. 应用实例 1

编写 Shell 脚本，执行后，打印一行提示"please input a number："，要求用户输入数值，然后打印出该数值。然后再次要求用户输入数值。直到用户输入"end"为止。脚本的代码如下。

```
#!/bin/sh
unset var
while [ "$ var" != "end" ]
do
  echo - n "please input a number: "
  read var
  if [ "$ var" = "end" ]
  then
    break;
fi
  echo "var is $ var"
done
```

脚本的执行结果如图 9.32 所示。

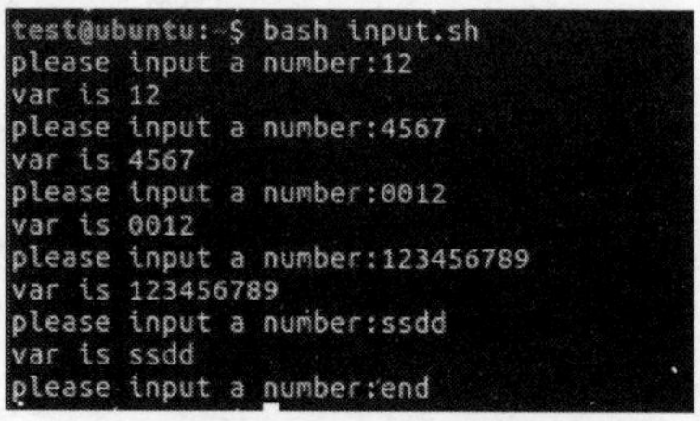

图 9.32　input.sh 的执行结果

2. 应用实例 2

编写 Shell 脚本，使用 ping 命令检测 192.168.0.1～192.168.0.100 共 100 部主机目前是否能与当前主机连通。脚本的代码如下。

```
#!/bin/bash
network = "192.168.0"
for sitenu in $ (seq 1 100)              //产生 1～100 的序列
    do
    #判断 ping 的过程是否成功,成功返回 0,否则非 0
    ping - c 1 - w 1 ${network}. ${sitenu} & /dev/null && result = 0 || result = 1
    if [ "$ result" == 0 ]
        then
        echo "Server ${network}. ${sitenu} is UP. "
        else
        echo "Server ${network}. ${sitenu} is DOWN. "
    fi
done
```

Shell 及其编辑

脚本先将"192.168.0"赋给变量 network，让 sitenu 变量的值从 1 到 100 进行迭代，这样将 network 和 sitenu 两个变量的字符串值连接后就拼接成了 192.168.0.1～192.168.0.100 这个区间内的所用 IP 地址。然后脚本对每个 IP 地址调用 ping 命令，利用逻辑运算符"&&"和"||"判断 ping 命令是否连接成功。若成功则输出成功信息，否则反之。脚本的执行结果如图 9.33 所示。

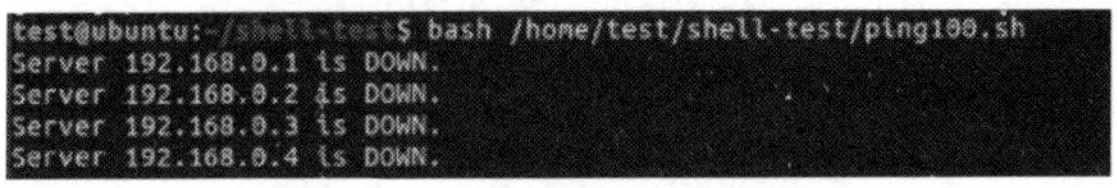

图 9.33　ping 命令的执行结果

3. 应用实例 3

编写 Shell 脚本，提示输入某个目录文件名，然后输出此目录内所有文件的权限，若可读，则输出 readable；若可写，则输出 writable；若可执行，则输出 executable。脚本的代码如下。

```
#!/bin/bash
read -p "please input a directory:" dir
#检查输入的目录是否存在
if [ "$dir" == "" -o ! -d "$dir" ]
    then
        echo "The $dir is not exist in your system"
    exit 1
fi
#如果存在,检查文件的属性
filelist=$(ls $dir)
for filename in $filelist
    do
    perm=""
    test -r "$dir/$filename" && perm="$perm readable"
    test -w "$dir/$filename" && perm="$perm writable"
    test -x "$dir/$filename" && perm="$perm executable"
    echo "The file $dir/$filename'S permission is $perm"
done
```

脚本首先将用户输入的一个目录的路径存储到 dir 变量中，接着用判断命令参数"-d"判断用户输入的路径是否真的是一个目录，若不是则输出错误信息并结束。若目录输入正确，脚本将执行 ls 命令并将结果存储在 filelist 变量中。最后，脚本将会对 filelist 变量进行遍历，对其中的文件名一个一个地进行权限测试，并输出结果。脚本的执行结果如图 9.34 所示。

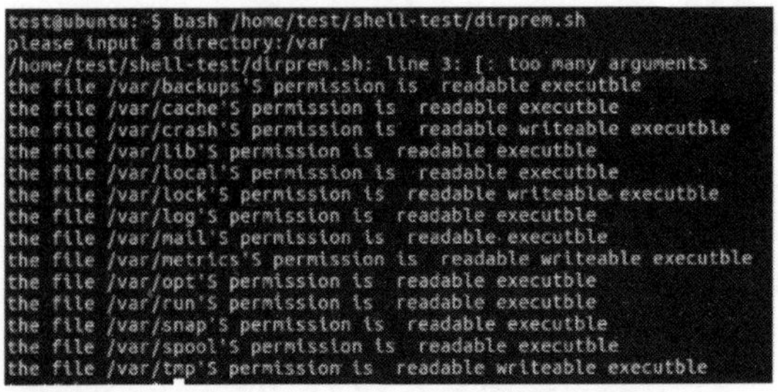

图 9.34　检查文件属性

小　结

本章介绍了 Shell 脚本编程的一些重要内容,包括 Shell 变量、Shell 程序的控制结构、Shell 脚本的输入语句等几个方面。并通过实验案例对具体的内容做了细致的讲解。

习　题

1. Linux 支持(　　)脚本编程语言。

  A. Perl   B. Python   C. C++   D. FORTRAN

2. 简述 Shell 中双引号、单引号、反引号的区别。

3. 下面哪些是合法的变量名?

  A. Kitty   B. xyz   C. 2♯d   D. ％sale

  E. ＆if   F. _hyy   G. hlj_hrb   H. 123

4. 编写一个 Shell 脚本,完成以下功能。

(1) 显示文字"Waiting for a while…"。

(2) 长格式显示当前目录下面的文件和目录,并输出重定向到/home/file.txt 文件。

(3) 定义一个变量,名为 s,初始值"Hello"。

(4) 使该变量输出重定向到/home/string.txt 文件。

5. 设计一个 Shell 程序,添加一个新组为 class1,然后添加属于这个组的 30 个用户,用户名的形式为 stdxx,其中,xx 为 01～30。

6. 设计一个 Shell 程序,删除 5 题创建的用户和组,连同用户目录一起删除。

7. 利用数组形式存放 9 个城市的名字,然后利用 for 循环语句把它们打印出来。

第 10 章 Linux 服务器配置

本章学习目标

- 熟悉 Ubuntu 系统中常用的网络管理命令。
- 掌握 Ubuntu 系统中 Samba 服务器的配置方法。
- 掌握 Ubuntu 系统中 LAMP 平台的配置方法。
- 掌握 Ubuntu 系统中 NFS 服务器的配置方法。

Linux 已成为全球各种规模的企业和所有市场中主流服务器的操作系统。本章将介绍 Linux 下网络参数的配置和修改,并在此基础上,详细介绍 LAMP 开发平台、Samba 服务器以及 NFS 服务器的配置和使用方法。

10.1 网络服务概述

计算机网络是一组自治计算机系统互连的集合。自治是指每一台计算机都有自主权,不受别人的控制;互连是指使用通信介质进行计算机连接,并且达到相互通信、资源共享的目的。计算机网络的通信是由不同类型的计算机设备之间通过协议来实现的。协议(Protocol)是一系列规则和约定的规范性描述,它定义了计算机设备间通信的标准。

现在计算机网络事实上的标准就是 TCP/IP。TCP/IP 可以让使用不同环境的不同节点之间进行彼此通信,是连入 Internet 的所有计算机在网络上进行各种信息交换和传输所必须采用的协议。

计算机网络向用户提供的最重要的两个功能是连通性和资源共享。连通性即计算机网络可以让用户的计算机都彼此连通,用户间的距离变近了。资源共享的含义是多方面的,可以使信息共享、软件共享、硬件共享。在用户享受这些共享信息的时候,其实是有很多服务器提供了这样的资源。

10.2 Linux 系统的基本网络配置

10.2.1 查看网络配置

Linux 系统中网络信息包括网络接口信息、路由信息、主机名、网络连接状态等,下面逐一进行介绍。

1. 查看网络接口信息

在命令行状态下，可以使用 ifconfig 命令查看和更改网络接口的地址和参数，包括 IP 地址、子网掩码、广播地址。ifconfig 命令的格式如下。

```
ifconfig - interface[options]address
```

其中，-interface 是指定的网络接口名，如 enp0s3。

options 有以下选项可以使用。

up——激活指定的网络接口卡。

down——关闭指定的网络接口卡。

broadcast address——设置接口的广播地址。

pointopoint——启用点对点方式。

netmask address——设置接口的子网掩码。

最后一项 address，是用来设置指定接口设备的 IP 地址。

如果在 ifconfig 命令中没有任何选项，则是查看所有接口的全部信息。

范例：显示当前系统中 enp0s3 接口的参数，如图 10.1 所示。

图 10.1　网络参数配置情况

从图 10.1 中可以了解到的信息如下。

enp0s3——网络接口。

HWaddr——网卡的物理地址，又常称为 MAC 地址。

Bcast——网卡的广播地址。

Mask——网卡的子网掩码。

在 Ubuntu 16.04 中还可以通过图形界面来查看和更改网络接口的地址和参数，包括 IP 地址、子网掩码、广播地址。在顶部的控制栏中选择扇形的网络接口信息图标，在弹出的菜单中选择 Edit Connections 选项，在弹出的对话框中，就可以查看和更改相应网络接口的地址和参数，如图 10.2 所示。

图 10.2　查看和更改网络接口的地址和参数

2. 查看主机路由表信息

查看主机路由表信息可以使用 route 命令。

范例：使用 route 命令查看主机路由表，如图 10.3 所示。

图 10.3　查看主机路由表

route 命令的输出项的含义如下。

Destination——目标网络或者主机。

Gateway——网关地址，"＊"表示目标是本主机所属的网络，不需要路由。

Genmask——子网掩码。

Flags——标记。

Iface——接口。

3. 查看主机名

查看主机名的命令是 hostname。

范例：查看系统的主机名，如图 10.4 所示。

图 10.4　查看系统的主机名

4. 查看网络连接状态

netstat 是一个非常优秀的工具，通过 netstat 命令可以显示网络连接、路由表和网络接口信息，可以让用户得知目前都有哪些网络连接正在运行。

netstat 命令的格式如下。

netstat －[选项]

netstat 的常用选项及含义如下。

-s——显示各个协议的网络统计数据。

-c——显示连续列出的网络状态。

-i——显示网络接口信息表单。

-r——显示关于路由表的信息，类似于 route 命令。

-a——显示所有的有效连接信息，包括已建立的连接，也包括监听连接请求的那些连接。

-n——显示所有已建立的有效连接。

-t——显示 TCP 的连接。

-u——显示 UDP 的连接。

-p——显示正在使用的进程 ID。

范例：查看当前系统所有的监听端口，结果如图 10.5 所示。

10.2.2　修改网络配置

1. 使用命令修改

在 Linux 系统中，可以使用相应命令修改不同的网络参数，使用 ifconfig 命令可以查看

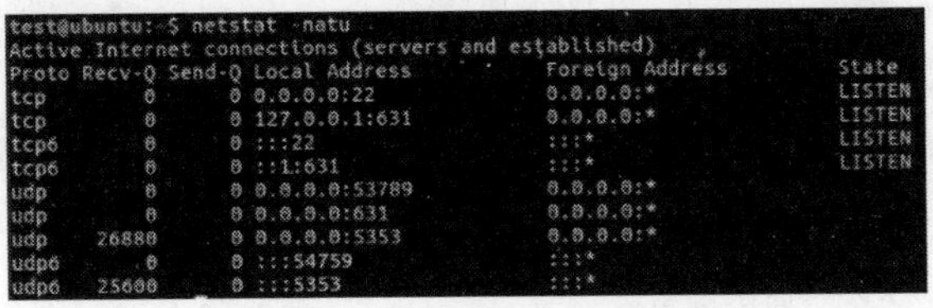

图 10.5 netstat 命令的执行结果

和修改网络接口的 IP 地址、子网掩码等，但不能修改默认网关，修改默认网关需使用 route 命令。使用 hostname 命令修改主机名，如果想修改网卡接口，需要先知道本机中网卡接口的名称。

（1）查看和修改网卡接口的 IP 地址、子网掩码，命令如下。

```
# sudo ifconfig
# sudo ifconfig 网卡接口名称 192.168.0.10 netmask 255.255.255.0   //修改 IP 地址、子网掩码
```

（2）修改默认网关，命令如下。

```
# sudo route add default gw 192.168.0.1                          //将默认网关修改为 192.168.0.1
```

（3）修改主机名，命令如下。

```
# hostname Ubuntu                                                //Ubuntu 为修改后的主机名
```

2. 使用配置文件修改

使用命令的方式修改网络参数，在系统重启之后会失效，要想系统重启后也能够生效，就要使用修改配置文件的方法来修改网络参数。

（1）/etc/network/interfaces 配置文件。

在/etc/network/interfaces 配置文件中，可以修改网络接口的 IP 地址、子网掩码、默认网关。

范例：使用配置文件修改网卡接口的 IP 地址、子网掩码、默认网关。使用 config 命令查看网卡接口名称后使用命令 sudo vi /etc/network/interfaces 打开文件，并按照以下格式修改。

```
auto 网卡名称
iface 网卡名称 inet static
address 192.168.0.10
netmask 255.255.255.0
gateway 192.168.0.1
```

保存后，重启服务生效。

```
# sudo /etc/init.d/networking restart
```

（2）/etc/hostname 文件。

/etc/hostname 文件中保存的是主机名，通过修改它就可以更改主机名，系统重启后，会从此文件中读出主机名。

（3）/etc/resolv.conf 文件。

/etc/resolv.conf 配置文件是指定 DNS 服务器的，保存了 DNS 服务器的域名和对应的 IP 地址，resolv.conf 文件的格式很简单，每行以一个关键字开头，后接配置参数。resolv.conf 的关键字主要有两个，分别如下。

```
search       #定义域名的搜索列表
nameserver   #定义 DNS 服务器的 IP 地址
```

如果/etc/resolv.conf 配置文件中保存了如下信息。

```
search wuxp.com
nameserver 202.96.128.86
nameserver 202.96.128.188
```

那么说明，两台 DNS 服务器 202.96.128.86、202.96.128.188 能够解析域 wuxp.com 中的域名，例如，a.wuxp.com、b.wuxp.com 等。

无论用哪种方法配置网络参数，都应该重启网络服务，重启网络服务可以用命令 sudo/etc//init.d/networking restart。

不过根据上面配置的 DNS 服务，在重启之后就会自动覆盖并失效，如果想要永久添加 DNS，则可以通过以下方法进行修改。

方法一：dns-nameserver DNS 服务器（如 dns-nameserver 202.96.128.86）。

方法二：通过修改/etc/resolvconf/resolv.conf.d/base（这个文件默认是空的），在里面插入想要添加的服务器，比如 nameserver 8.8.8.8。

通过这两种方法修改的 DNS 即使计算机重启也会生效并且不会被覆盖。

3. 另一种网络配置方式

在 Ubuntu 操作系统的桌面版本中修改网络的配置有两种方法，一种就是上面对/etc/network/interfaces 文件进行配置；另一种就是通过 net-manager 图形界面进行配置，可以在桌面右上的网络连接图标上单击并选择"连接编辑"，如图 10.6 所示。

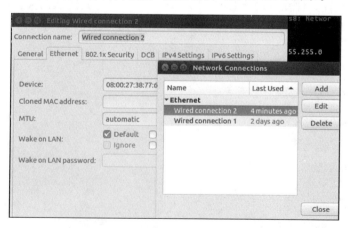

图 10.6　通过 net-manager 配置网络

这两种方式优先使用的是/etc/network/interfaces 里面的内容，如果修改了该文件，那么 network-manager 的配置将会失效。这一点对于网络管理至关重要。

10.2.3 测试网络配置

在配置完网络参数之后,特别是 IP 地址之后,如果出现问题,可以使用相关的命令来进行测试。

1. ping 命令

ping 命令主要用于测试本机与网络上另一台计算机的网络连接是否正确,因此在架设网络和排除网络故障时会特别有用。ping 命令实际上是利用 TCP/IP 中的 ICMP,向网络上的主机发送数据包并利用返回的响应情况测试网络的连接情况。在 Linux 下 ping 命令是无限执行的,直到使用者手动按下 Ctrl+C 组合键才会中止运行。

ping 命令格式如下。

ping [选项] 目的 IP 地址

ping 命令常用的选项及其含义如下。

-c——指定用来测试所发出的测试数据包的个数。

-i——指定收发信息的间隔秒数。

-n——只输出数值。

-q——不显示指令执行过程,开头和结尾的相关信息除外。

-r——忽略普通的 Routing Table,直接将数据包送到远端主机上。

-R——记录路由过程。

-s——设置数据包的大小。

-t——指定数据包的 TTL 值。

-v——详细显示指令的执行过程。

范例:Linux 系统的 ping 命令默认是一直运行的,现在将 ping 发送的数据包个数设定为 3,命令的执行过程如图 10.7 所示。

```
root@master-node:/home# ping -c 3 baidu.com
PING baidu.com (39.156.69.79) 56(84) bytes of data.
64 bytes from 39.156.69.79 (39.156.69.79): icmp_seq=1 ttl=38 time=532 ms
64 bytes from 39.156.69.79 (39.156.69.79): icmp_seq=2 ttl=38 time=297 ms
64 bytes from 39.156.69.79 (39.156.69.79): icmp_seq=3 ttl=38 time=262 ms

--- baidu.com ping statistics ---
3 packets transmitted, 3 received, 0% packet loss, time 4137ms
rtt min/avg/max/mdev = 262.741/364.360/532.702/119.886 ms
```

图 10.7 ping 命令的执行结果

在图 10.7 中,icmp_seq 是所发送的数据包的序列号,time 是从发出测试数据包到接收到目的主机响应数据包的时间,即往返时间。如果在 1s 内目的主机没有响应,则会出现网络连接不通的信息提示。

通过运行 ping 命令得到往返时间的最小值、平均值、最大值,可以了解到网络在不同时间传输的差异。由于间歇性的故障会引起某些数据包的丢失,单个的 ping 命令并不能保证正确传输,所以 Linux 下的 ping 命令会发送一系列的数据包,并利用成功返回的数据包所占发送数据包的比例作为网络性能的指标。

2. tracepath 命令

tracepath 命令用来跟踪记录从源主机到目的主机经过的路径,也就是会记录路径当中所经过的路由。

tracepath 的命令格式如下:

tracepath 目的主机的域名或 IP 地址

10.2.4 安装 firewalld 服务

1. 防火墙的概念

防火墙在最开始是汽车的一个部件,功能就是在引擎着火时,该部件将引擎和乘客隔离开,从而保护乘客的安全。而在计算机领域中防火墙也有类似的功能,不过它隔离的是内部网络和公共网络。它实际上是一个网络访问控制的协议,可以控制两个网络的通信,只有得到许可的网络访问和数据才能通过防火墙访问到内部网络,那些不被许可的网络访问和数据会被防火墙拒之门外。

2. 防火墙的功能

防火墙作为网络连接的控制点能够极大地提高内部网络的安全性,并且通过信息过滤的方式去除掉不安全的信息,降低了内部网络被攻击的风险。而且只有那些安全性高的应用协议才能通过防火墙。这样也避免了黑客利用这些不安全的协议侵入内部网络。同时防火墙还可以防御基于路由的攻击并报告给管理员。

3. 安装 firewalld

因为 Ubuntu 16.04 是没有自带 firewalld 的,所以需要手动安装。

```
# sudo apt - get install firewalld       //下载安装 firewalld
# systemctl start firewalld              //开启 firewalld 服务
# systemctl enable firewalld             //设置开机自动启动
```

开启了 firewalld 之后,可以根据自身的需要来设置能够通过的防火墙的应用,默认大部分的服务都可以通过,可以通过命令来查看和设置。

语法:

```
firewall - cmd [选项]
# firewall - cmd - state                          //查看 firewalld 服务的当前状态
# firewall - cmd -- get - services                //查看 firewalld 管控的所有服务
# firewall - cmd - add - service = 服务名 - zone = public //添加某个服务到 public 域
```

其实 firewalld 并不是真正的防火墙,而是防火墙的一个管理工具,它能调用和管理防火墙。

10.3　Samba 服务器

10.3.1 Samba 服务器简介

Linux 下进行资源共享有很多种方式,Samba 服务器就是常见的一种。Samba 服务器可以让 Windows 操作系统的用户访问局域网中的 Linux 主机,就像访问网上邻居一样方便。服务器通过 Samba 可以向局域网中的其他 Windows 系统提供文件服务。如果在 Linux 服务器上还连接了一个共享打印机,打印机也可以通过 Samba 向局域网的其他 Windows 用户提供打印服务。

Samba 的主要功能如下。

(1) 提供 Windows 风格的文件和打印机共享。

(2) 在 Windows 中解析 netbios 名字。

(3) 提供 Samba 客户功能。

(4) 提供一个命令行工具。

本节将介绍在 Ubuntu 16.04 系统中 Samba 服务器的搭建,以及如何在 Windows 10 中访问 Samba 服务器。

10.3.2　安装 Samba 服务器

1. 安装前准备工作

新建用于共享的文件夹/home/test/share,并修改其权限,可以让其他用户访问,命令如下。

```
# mkdir  /home/test/share
# sudo chmod  777  /home/test/share
```

2. 在命令行下安装 Samba 服务器

Ubuntu 提供了 apt-get 这个简单易用的软件包管理工具,在命令行中直接用它安装 Samba 即可。命令如下。

```
# apt - get install Samba smbfs
```

10.3.3　配置 Samba 服务器

1. 建立 Samba 共享文件夹

为 Samba 服务器创建共享文件夹/home/test/share,并设置该文件夹的权限使其让所有用户可读可写可运行,命令的执行过程如图 10.8 所示。

图 10.8　建立 Samba 共享文件夹

2. 创建一个 Samba 专用账户

为了 Samba 服务器的安全,需要建立一个专用账户,命令的执行过程如图 10.9 所示。

3. 配置 Samba 服务器

现在就可以配置 Samba 服务器了,打开/etc/samba/smb/smb.conf,在文件的最后面添加上我们的配置信息,定义共享文件夹的路径 path 和文件属性,这里定义共享文件是可读写并且拥有执行权限的文件,如图 10.10 所示。

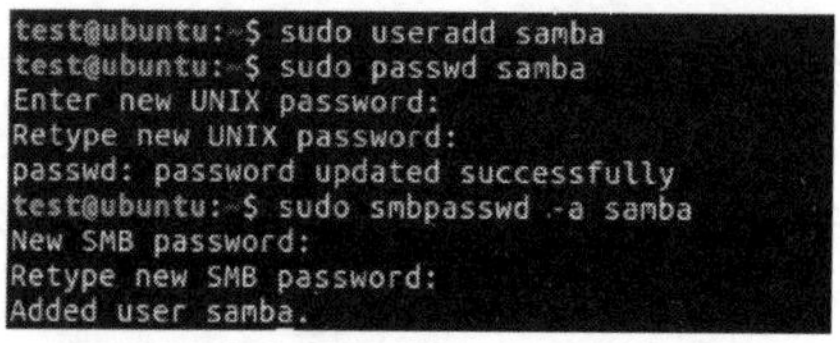

图 10.9　建立专用 Samba 账户

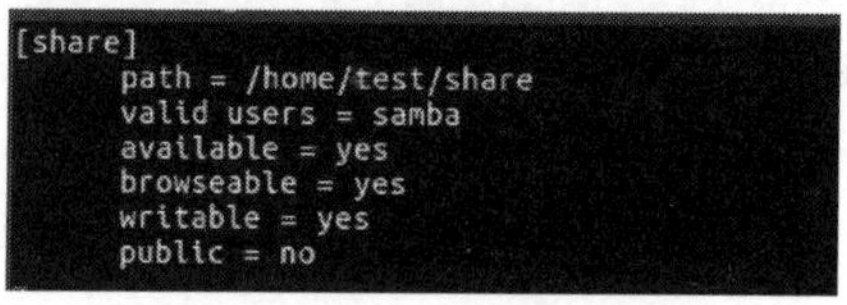

图 10.10　需要配置的信息

4. 测试并重启 Samba 服务

配置完成,使用 testparm 命令对前面的配置进行测试。testparm 命令会检查 Samba 服务前期的配置文件/etc/Samba/smb.conf,如果配置没有问题,则会在 testparm 命令的执行结果中看到如图 10.11 所示的信息。

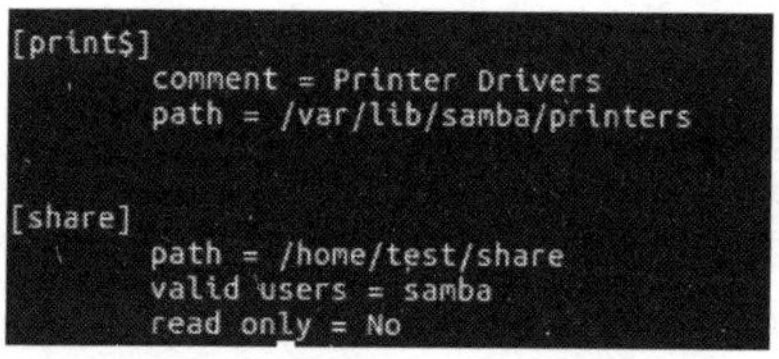

图 10.11　testparm 命令的执行结果

5. 启动与关闭 Samba 服务器

1)重启 Samba 服务

配置完成后,在客户访问 Samba 服务器之前,为了使前面的所有设置生效,还需要重启 Samba 服务。重启 Samba 服务的命令如下。

`# sudo /etc/init.d/smbd restart`

2)关闭 Samba 服务

如果需要关闭 Samba 服务时,可以使用命令:

`# sudo /etc/init.d/smbd stop`

3)启动 Samba 服务

启动 Samba 服务时,可以使用命令:

`# sudo /etc/init.d/smbd start`

6. 登录 Samba 服务器

Samba 服务器配置完成后,就可以在客户端来进行访问,需要注意的是,如果是使用虚拟机来搭建服务器,则需要将网络模式切换到桥接模式,否则物理主机无法识别虚拟机。在这里,客户端使用 Windows 10。访问 Samba 服务器有很多方法,最简单的就是:按 Ctrl＋R 组合键命令,然后在"运行"对话框中输入:

\\Samba 服务器的 IP 地址或主机名

登录 IP 地址为 192.168.2.18 的 Samba 服务器,如图 10.12 所示。

图 10.12　登录 Samba 服务器

登录之后,提示输入用户名和密码,输入正确之后就进入共享文件夹了,如图 10.13 所示。

图 10.13　访问 Samba 服务器

这时,作为 Samba 服务器的 Ubuntu 系统就可以向局域网中的其他 Windows 系统提供文件服务。同时,在 Samba 服务器上还连接了一个共享打印机,打印机也通过 Samba 服务器向局域网的其他 Windows 用户提供打印服务。

10.4　Linux 系统下 LAMP 平台的搭建

10.4.1　LAMP 平台概述

LAMP 是基于 Linux、Apache、MySQL 和 PHP 的开放资源网络开发平台,LAMP 的名字来源于每个程序的第一个字母。每个程序在所有权上都符合开放源代码标准。

(1) Linux 是开放系统。

(2) Apache 是最通用的网络服务器软件。

(3) MySQL 是带有基于网络管理附加工具的关系数据库。

(4) PHP 是流行的对象脚本语言,它包含多数其他语言的优秀特征来使得它的网络开发更加有效。

在 LAMP 平台中,Linux、Apache、MySQL 和 PHP 本身都是各自独立的程序,但是因为常被放在一起使用,拥有了越来越高的兼容度,共同组成了一个强大的 Web 应用程序平台。随着开源潮流的蓬勃发展,开放源代码的 LAMP 已经与 J2EE 和.NET 商业软件形成三足鼎立之势,并且该软件开发的项目在软件方面的投资成本较低,因此受到整个 IT 界的关注。从网站的流量上来说,70%以上的访问流量是 LAMP 来提供的,LAMP 是最强大的网站解决方案。

本节将介绍在 Ubuntu 16.04 系统中 LAMP 平台的搭建。

10.4.2 LAMP 平台的搭建

1. 系统更新

为了确保安装过程中所需的系统软件和环境,在安装前对系统进行更新,更新系统的命令如下。

```
♯ sudo apt – get update
```

2. 安装 Apache2

在某些版本的 Ubuntu 中,可能已经默认安装了 Apache 服务器。如果没有安装,则使用如下命令进行安装。

```
♯ apt – getinstall apache2
```

安装完成后,根目录在/var/www 下,需要测试以下安装是否正确。在 Firefox 浏览器的地址栏中输入“http://localhost”,如果出现如图 10.14 所示的页面,则说明 Apache2 安装成功。

图 10.14 Apache2 安装成功

3. 安装 PHP7.0

使用如下命令安装 PHP7.0。

```
♯ sudo apt – getinstall libapache2 – mod – php7.0
```

安装完成后要重新启动 Apache2,以加载 PHP7.0 安装的模块。重新启动 Apache2 的命令:

```
♯ sudo /etc/init.d/apache2 restart
```

PHP7.0 安装完成后,同样要进行测试,在根目录/var/www 下新建 testphp.php 文件,命令如下。

```
$ sudo gedit /var/www/testphp.php
```

在新建文件 testphp.php 中添加测试语句“<? php phpinfo();? >”,保存退出。然后在 Firefox 浏览器地址栏中输入“http://localhost/testphp.php”,如果出现的是如图 10.15 所示的页面,则说明 PHP7.0 安装成功。

4. 安装 MySQL 数据库

安装 MySQL 数据库的命令如下。

```
♯ sudo apt-get install mysql – server mysql – client
```

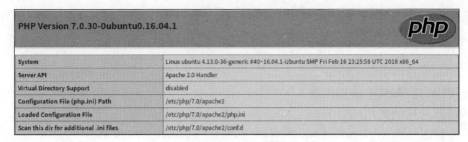

图 10.15 PHP7.0 安装成功

在安装过程中,会提示输入数据库用户 root 的密码,如图 10.16 所示。

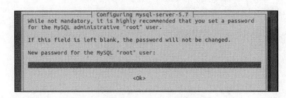

图 10.16 提示输入数据库用户密码

最后使用如下命令重启数据库。

sudo /etc/init.d/mysql restart

5. 安装 phpMyAdmin

安装 phpMyAdmin,命令如下。

sudo apt - get install phpmyadmin

在安装过程中要选择服务器软件,这里按空格键选择 apache2,如图 10.17 所示。

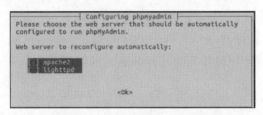

图 10.17 选择服务器软件

在随后过程中出现对配置数据库的选择时,选择 No 选项,如图 10.18 所示。

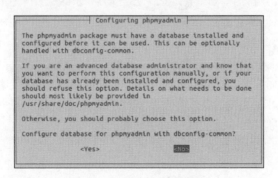

图 10.18 是否配置数据库

安装完成,phpMyAdmin 的默认安装路径是/usr/share/,在安装完成后,需将该目录移动到/var/www/中,命令如下:

```
# sudo cp - ri /usr/share/phpmyadmin /var/www/
```

6. PHP 与 MySQL 协同工作

再进行一次测试,测试 PHP 与 MySQL 数据库是否能够协同工作,在 Firefox 浏览器的地址栏中输入"http://localhost/phpmyadmin",显示如图 10.19 所示。

图 10.19　PHP 与 MySQL 数据库协同工作

至此,LAMP 开发平台基本搭建完成,可以在此基础之上编写 PHP 程序。

10.5　NFS 网络服务

10.5.1　NFS 简介

Samba 服务器可以用于 Linux 系统和 Windows 系统之间的文件共享,也一样可以用于 Linux 系统和 Linux 系统之间的文件共享:不过对于 Linux 系统和 Linux 系统之间的文件共享有更好的网络文件系统。

NFS 是 Network File System 的简写,即网络文件系统。NFS 由 Sun 公司开发,目前已经成为文件服务的一种标准(RFC1904 和 RFC1813)。NFS 允许一个系统在网络上与他人共享目录和文件,实现不同操作系统的计算机之间共享数据。在访问 NFS 时,用户和程序就感觉在访问本地文件一样。也可以将 NFS 看作一台文件服务器。本节将介绍在 Ubuntu 16.04 中安装 NFS 的工作过程及使用方法。

10.5.2　NFS 工作原理

启动 NFS 文件服务器时,/etc/rc.local 会自动启动 exportfs 程序,指定可以导出的文件或目录,只有这些导出的文件或目录才能挂载,从而被其他用户和程序访问。

NFS 是基于 XDR/RPC 协议的。XDR 是 eXternal Data Representation 的缩写,即外部数据表示法。它提供一种方法,把数据从一种格式转换成另一种标准数据格式,从而确保在不同的计算机、操作系统及程序语言中,所有数据代表的意义都是相同的。RPC 是 Remote Procedure Call 的缩写,即远程程序调用。客户端在请求远程计算机给予服务时,通过网络传送 RPC 到远程计算机,请求给予服务。

NFS 使用 RPC 传送数据的方法有以下几步。

（1）客户发送信息，请求服务。

（2）NFS 客户端程序把客户送出的参数转换成 XDR 标准格式，并把信息发送到网络上。

（3）请求信息经过网络传送远程主机系统。

（4）远程主机将接收到的信息传给 NFS 服务器端程序。

（5）NFS 服务器端程序把 XDR 形式的数据，转换成符合主机端的格式，取出客户发来的服务请求参数，送给服务器。

（6）服务器响应客户发送服务的逆向传送过程。

10.5.3　NFS 服务的安装与配置

1. NFS 的安装前准备

新建用于 NFS 文件共享的文件夹/home/nfs，并修改权限，以便让其他用户访问，命令如下。

```
# sudo mkdir /home/nfs
# sudo chmod 777 /home/nfs
```

2. NFS 的安装

Ubuntu 中默认没有安装 NFS，NFS 有客户端和服务器端，这里只安装 NFS 服务器端就可以，命令如下。

```
# sudo apt - getinstall nfs - kernel - server
```

3. 配置 exports 文件

用户可以把需要共享的目录及权限直接编辑到/etc/exports 文件中，这样当 NFS 服务器重新启动时系统就会自动读取/etc/exports 文件，从而告诉内核要输出的文件系统和相关的存取权限。使用如下命令打开/etc/exports。

```
# sudo gedit /etc/exports
```

在该文件中添加如下两行，如图 10.20 所示。

```
/home/nfs  * (rw,sync,no_root_squash)
/home/nfs 192.168.0.0/255.255.255.0(rw,sync,no_root_squash)
```

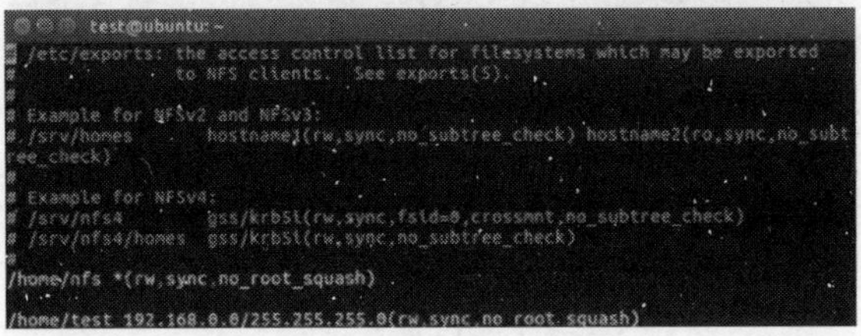

图 10.20　配置 exports 文件

从上面的修改中可看出 exports 文件的格式，首先是定义要共享的文件目录，必须使用绝对路径。然后设置对这个目录进行访问限制的参数，用于保证安全性。在第 1 行设置中，

183

将/home/nfs 目录共享出去。

/home/nfs ＊(rw,sync,no_root_squash)各字段含义如下：

/home/nfs——要共享的目录。

＊——允许所有的网段访问。

rw——读写权限。

sync——同步写入数据到内存与硬盘中。

no_root_squash——当登录 NFS 服务器，使用共享文件的用户是 root 时，其权限将被转换成为匿名使用者。

在第 2 行设置中，共享/usr/ports 目录，但限定只有 192.168.0.0/255.255.255.0 网络上的计算机才能访问这个共享目录。限定访问共享的主机访问范围时，可以通过以下三种方式。

(1) 限定单个主机访问——使用能够被服务器解析的域名、主机名或 IP 地址。

(2) 限定多个主机访问——使用通配符 ＊ 或？来指定被限定的主机系列。

(3) 限定某个网络的主机——使用网络地址来指定被限定的范围，如 192.168.0.0/24。

在上面的配置中，使用的就是第三种方式，限定只有 192.168.0.0/255.255.255.0 这个网络的主机才能访问 NFS 服务器的共享文件。

4. 配置 rpcbind 文件

NFS 是一个 RPC 程序，使用它之前需要映射好端口，这里只需启动该服务，命令如下。

```
# sudo /etc/init.d/rpcbind start
```

5. 配置 host. allow 和 host. deny 文件

etc/hosts. allow 和/etc/hosts. deny 两个配置文件用于设置对 rpcbind 的访问，也就是用来限定哪些主机能够和 NFS 服务器建立连接，可以配置/etc/hosts. deny 来禁止某些主机连接，也可以禁止任何主机能够和 NFS 服务器建立连接。打开该配置文件，在文件中添加：

```
rpcbind:ALL//禁止所有主机连接 NFS 服务器
```

配置情况如图 10.21 所示。

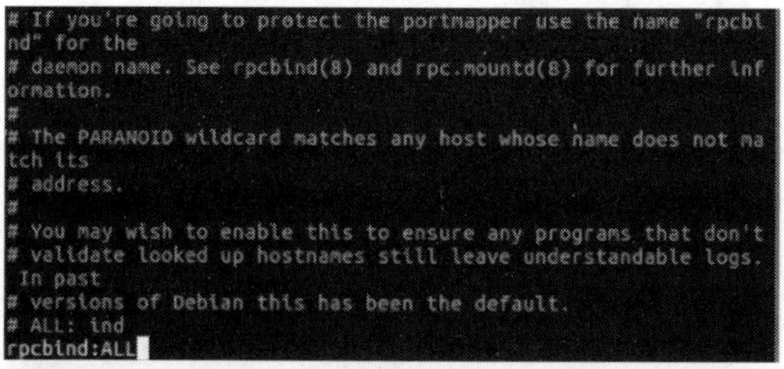

图 10.21　配置 host. deny 文件

在这里提到的一点就是在上面设置的禁止所有主机连接服务器的配置要去除掉，否则接下来的配置是不生效的。去掉上面的配置后，在 etc/hosts. allow 配置文件中允许哪些主机能够和 NFS 服务器建立连接，这里允许 192.168.0.0/255.255.255.0 能够和 NFS 服务

器建立连接。打开 etc/hosts.allow 文件,在文件中添加:

```
rpcbind:192.168.0.0/255.255.255.0
```

配置情况如图 10.22 所示。

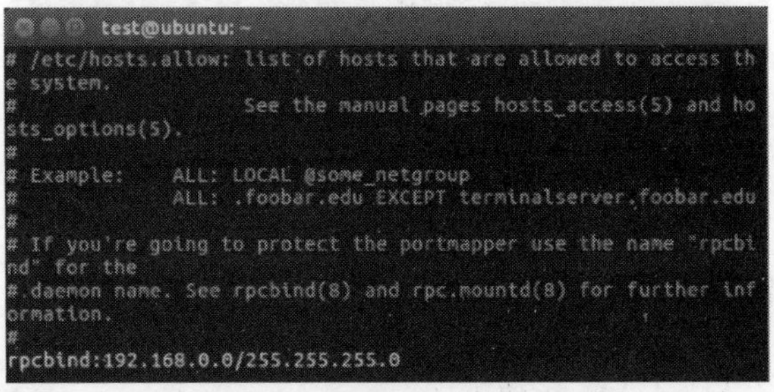

图 10.22　配置 host.allow 文件

6. 重启 portmap 和 NFS 服务

在配置完成后需要重启 portmap 和 NFS 服务,重启的命令如下:

```
# /etc/init.d/nfs - kernel - server restart
# sudo /etc/init.d/portmap restart
```

7. showmount 命令

在 NFS 服务器上使用 showmount 命令查看共享目录的挂载情况,如果配置正确,则执行结果如图 10.23 所示,可以看到共享目录。

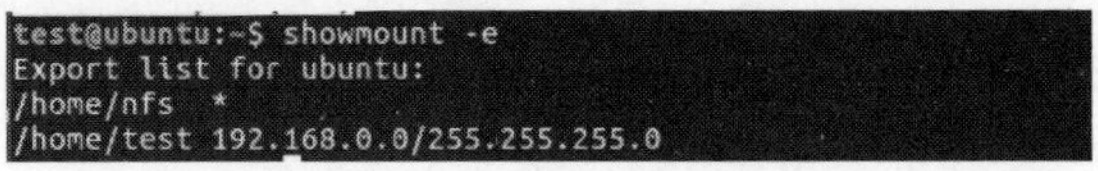

图 10.23　showmount 命令

10.5.4　访问 NFS 服务

客户端在访问共享目录前,需要将共享目录挂载到本地目录上,挂载命令的格式如下。

```
# sudo mount - t nfs NFS 服务器的 IP 地址:共享目录 挂载到本地的目录
```

1. 本地挂载共享目录

将共享目录挂载在本地,也就是 NFS 服务器中的其他目录上,挂载后查看该目录的内容与共享目录一致。命令的执行过程如图 10.24 所示。

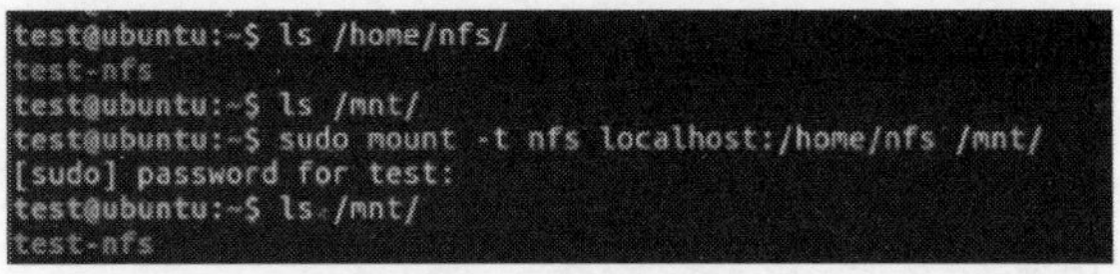

图 10.24　本地挂载

2. 其他主机挂载共享目录

将共享目录挂载到其他主机中的一个目录上,比如与 NFS 服务器在同一局域网中的一台主机,在这台主机上挂载共享目录。挂载后查看该目录的内容与 NFS 服务器上共享目录一致。命令的执行过程如图 10.25 所示。

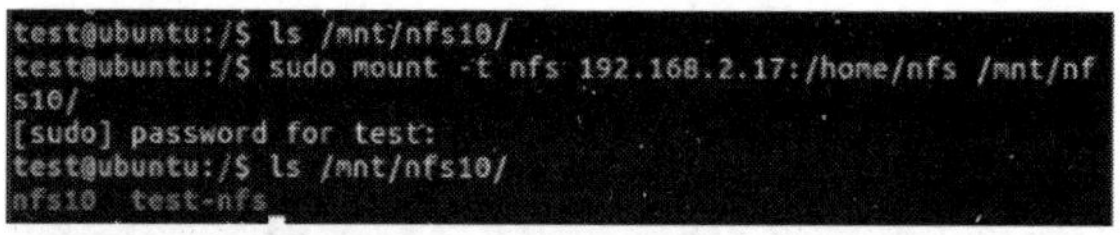

图 10.25 其他主机挂载共享目录

小　　结

网络服务器是 Linux 的主要功能。本章介绍了 Ubuntu 系统中的 Samba 服务器、LAMP 开发平台、NFS 服务器的配置过程。

习　　题

1. 修改了多个网络接口的配置文件后,使用(　　)命令可以使全部的配置生效。

    A. /etc/init. d/networking stop　　　　　　B. /etc/init. d/networking start

    C. /etc/init. d/networkingrestart　　　　　　D. /etc/init. d/networking service

2. 局域网的网络地址是 192. 168. 1. 0/24,局域网络连接其他网络的网关地址是 192. 168. 1. 1。主机 192. 168. 1. 20 访问 172. 16. 1. 0/24 网络时,其路由设置正确的是(　　)。

    A. route add -net 192. 168. 1. 0 gw 192. 168. 1. 1/24

    B. route add -net 172. 16. 1. 0 gw 192. 168. 1. 1/24

    C. route add -net 172. 16. 1. 0 gw 172. 16. 1. 1/24

    D. route add default 192. 168. 1. 0 netmask 172. 168. 1. 1

3. 要配置 NFS 服务器,在服务器端主要配置(　　)文件。

    A. /etc/rc. d/rc. inet1　　　　　　　　　　B. /etc/rc. d/rc. M

    C. /etc/exports　　　　　　　　　　　　　D. /etc/rc. d/rc. S

4. Linux 系统中有多种配置 IP 地址的方法,使用下列(　　)方法配置以后,新配置的 IP 地址可以立即生效。

    A. 修改网卡配置文件/etc/sysconfig/network-scripts/ifcfg-eth0

    B. 使用命令: netconfig

    C. 使用命令: ifconfig

    D. 修改配置文件/etc/sysconfig/network

5. 如何更改网卡接口的 IP 地址、子网掩码、默认网关?

6. ping 命令的作用是什么?

7. tracepath 命令的作用是什么?

8. 简述网络文件系统 NFS,并说明其作用。

9. 简述 Samba 服务器和 NFS 服务器的用途。

10. 如何安装、配置 Samba 服务器？

11. 在客户端如何访问 NFS 服务器？

12. 什么是 LAMP 平台？

13. 如何在 Ubuntu 中搭建 LAMP 平台？

第 11 章　集群搭建常用配置

本章学习目标

- 掌握 SSH 的使用。
- 学习 DHCP,Tomcat,vsftpd 服务的安装。
- 掌握 pxe 网络装机知识。

11.1　SSH 的使用

11.1.1　实现 SSH 免密登录

在许多集群搭建中需要进行各台主机之间的切换,如果切换主机时每次都退出登录会十分影响效率,而且在当下较为流行的 Hadoop 集群搭建中,SSH 免密登录是必须要进行的一个配置,下面就通过 SSH 来实现远程登录。

免密登录的原理其实很简单,只要 B 主机的 authorzied_keys 文件中包含 A 主机的公钥,A 主机就可以免密远程登录 B 主机。

(1) 安装 openssh-server。

＃sudo apt－get install openssh－server

(2) 创建公钥和密钥。这一步可以只生成公钥,如图 11.1 所示需要按三次 Enter 键。

＃ssh－keygen

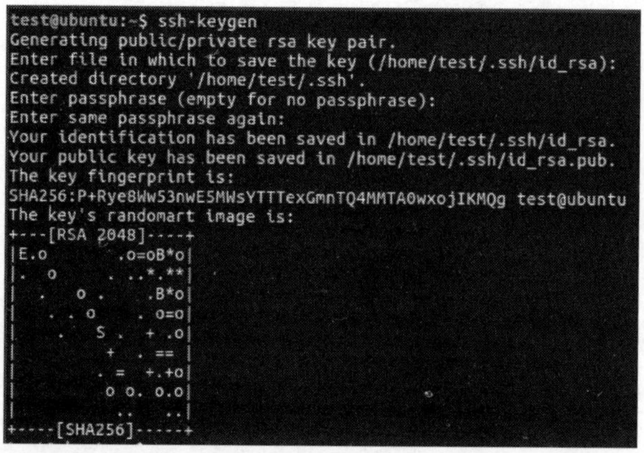

图 11.1　生成公钥

（3）接下来就需要将生成好的公钥复制到需要免密登录的主机的 authorized_keys 文件上，当然在目标主机上也进行上面的步骤才会有该文件。在这一步有两种方式可以将公钥复制到目标主机上面，但是这两种方式都是基于 SSH 远程登录实现的。

① ssh-copy-id：

```
♯ssh-copy-id-i.ssh/id_rsa.pub username@remote_ip
实例:ssh-copy-id-i.ssh/id_rsa.pub 用户名字@192.168.2.29
```

实例执行结果如图 11.2 所示。

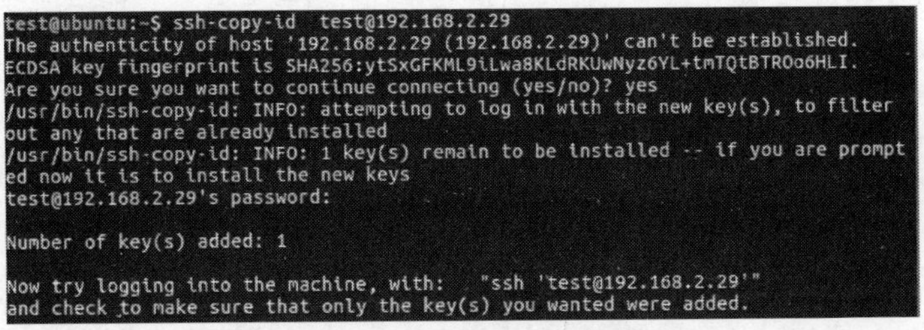

```
test@ubuntu:~$ ssh-copy-id  test@192.168.2.29
The authenticity of host '192.168.2.29 (192.168.2.29)' can't be established.
ECDSA key fingerprint is SHA256:ytSxGFKML9iLwa8KLdRKUwNyz6YL+tmTQtBTROo6HLI.
Are you sure you want to continue connecting (yes/no)? yes
/usr/bin/ssh-copy-id: INFO: attempting to log in with the new key(s), to filter
out any that are already installed
/usr/bin/ssh-copy-id: INFO: 1 key(s) remain to be installed -- if you are prompt
ed now it is to install the new keys
test@192.168.2.29's password:

Number of key(s) added: 1

Now try logging into the machine, with:   "ssh 'test@192.168.2.29'"
and check to make sure that only the key(s) you wanted were added.
```

图 11.2　复制公钥

把公钥复制到目的主机之后就可以通过"♯ssh　目的主机 IP"命令来远程登录，如图 11.3 所示。

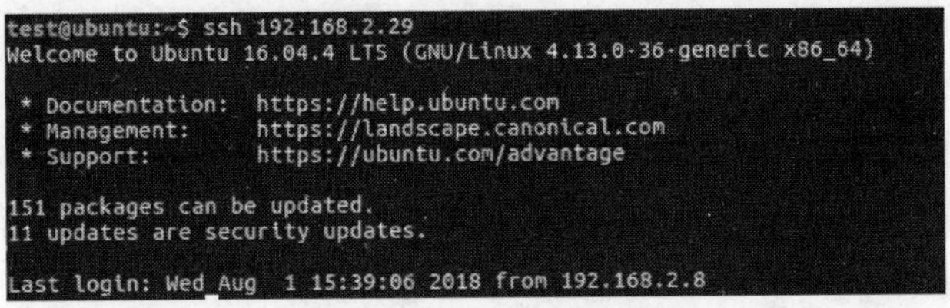

```
test@ubuntu:~$ ssh 192.168.2.29
Welcome to Ubuntu 16.04.4 LTS (GNU/Linux 4.13.0-36-generic x86_64)

 * Documentation:  https://help.ubuntu.com
 * Management:     https://landscape.canonical.com
 * Support:        https://ubuntu.com/advantage

151 packages can be updated.
11 updates are security updates.

Last login: Wed Aug  1 15:39:06 2018 from 192.168.2.8
```

图 11.3　远程免密登录

② scp：

```
♯ scp local_file username@remote_ip:remote_folder
实例:scp.ssh/id_rsa.pub test@192.168.1.181:/home/test/id_rsa.pub
```

将公钥复制到目的主机之后还需要添加到.ssh/authorzied_keys 文件里，如果没有该文件就在目的主机上直接创建，无论是否存在.ssh/authorzied_keys 都要赋予 600 权限，否则免密登录权限不够，步骤如下：

```
♯mkdir .ssh/authorzied_keys            //创建.ssh/authorized_keys 文件
♯cat id_rsa.pub<<.ssh/authorized_keys  //将公钥添加到目的文件
♯chmod 600.ssh/authorized_keys         //给.ssh/authorized_keys 赋权
♯ssh  目的主机 ip                       //登录远程主机
```

scp 一般是通过 SSH 进行主机之间的文件复制，而 ssh-copy-id 则是通过 SSH 将本地主机的 SSH 公钥文件复制到目的主机。两个命令的目的都是一样的，只是 scp 命令使用的范围相对较广。scp 的命令格式如下：

```
scp[可选参数] file_source file_target
```

集群搭建常用配置

常用的参数选项如下。

-1——强制 scp 命令使用协议 SSH1。

-B——使用批处理模式(传输过程中不询问传输口令或短语)。

-C——允许压缩(将-C 标志传递给 SSH,从而打开压缩功能)。

-p——保留原文件的修改时间、访问时间和访问权限。

-q——不显示传输进度条。

-r——递归复制整个目录。

-v——详细方式显式输出。

本地文件复制到远程主机:

scp‐r /home/space/music/ username@ remote_ip: /home/

远程主机文件复制到本地:

scp‐r username@ remote_ip: /home/ music/   /home/space/

需要注意的是,使用 scp 命令要确保使用的用户具有可读取远程服务器相应文件的权限,否则 scp 命令是无法起作用的。

11.1.2 基于 SSH 实现数据同步

远程数据同步需要用 rsync 命令,它是基于远程连接功能实现的,实现远程连接的软件比较常用的就是 SSH,下面介绍基于 SSH 的数据同步。

rsync 是实现远程数据同步的一个工具,可以通过网络快速地实现数台主机的某些文件的同步。它使用的是"rsync 算法"来识别文件之间的差异,然后进行差异部分的传输,而并不是直接完整地传输该文件,所以传输速度相对较快。

scp[参数选项]… file_source file_target

常用的参数选项如下。

-v——详细模式输出。

-q——精简输出模式。

-c——打开校验开关,强制对文件传输进行校验。

-a——归档模式,表示以递归方式传输文件,并保持所有文件属性。

-r——对子目录以递归模式处理。

-R——使用相对路径信息。

-p——保持文件权限。

-o——保持文件属主信息。

-g——保持文件属组信息。

-D——保持设备文件信息。

-e——指定使用 RSH、SSH 方式进行数据同步。

--progress——在传输时显示传输过程。

实例: rsync‐vqrog‐e ssh‐‐progress test@192.168.2.18:/home/music/ *   /hoome

11.2 搭建 DHCP 服务

11.2.1 DHCP 简介

DHCP 是 Dynamic Host Configuration Protocol 的简称,即动态主机配置协议,该服务一般应用于大型的局域网络中,主要作用是对局域网内的用户进行集中管理,动态地让用户获得 IP 地址、网关、DNS 服务器地址等信息。该服务能够提高 IP 地址的使用率,利于用户的管理。

11.2.2 DHCP 的工作原理

DHCP 采用的是 UDP 报文传输协议,DHCP 客户端(即 PC)发送 UDP 请求报文到服务器端,服务器响应后发送响应消息给客户端。具体步骤如下。

(1) 客户端向网络中广播 DHCP Discover 报文。

(2) DHCP 服务器接收到 DHCP Discover 报文之后做出响应,返回给客户端一个包含提供的 IP 地址信息的 DHCP Office 报文,并且发出该报文之后会记录下该报文的 IP 地址分配的信息,避免下次分配冲突。

(3) 如果网络中存在多个 DHCP 服务器,就会收到多个 DHCP Office 报文。客户端一般使用先到先采用的原则,选择处理最早到的 DHCP Office 报文。选择好 DHCP Office 报文之后,客户端会向网络广播发送一个包含被选中的 DHCP 服务器地址和 IP 地址信息的 DHCP Request 报文。

(4) DHCP 服务器收到 DHCP Request 报文之后,根据报文信息判断自身是否被选中。如果没有被选中,那么 DHCP 服务器只清除相应的 IP 地址分配信息,如果被选中,那么服务器端就会向客户端响应一个添加了 IP 地址租期信息的 DHCP ACKK 报文。

(5) 客户端接收到 DHCP ACKK 报文之后,检查该 IP 地址是否可以使用,如果可以使用,则根据租期来使用该 IP,如果发现该 IP 被占用,则向该服务器发送 DHCP Decline 报文,让服务器记录该 IP 已经被占用。然后客户端重新申请 IP 地址。获取到可用有 IP 之后,客户可以随时向服务器发送 DHCP Release 报文来释放使用的 IP 地址。

11.2.3 DHCP 的安装与配置

通过上面原理的介绍了解到,DHCP 服务采取的是先到先用的原则分配和获取 IP,为了验证搭建的 DHCP 服务能够被客户端采用,需要进行搭建前的准备。

首先将两台虚拟机的网络模式都改成 Host-Only 模式,并且在 VB 虚拟机软件界面按下 Ctrl+W 组合键关闭 Host-Only 网络自带的 DHCP 服务器,即只能在虚拟机之间进行通信,这样就避免了现实网络中的 DHCP 服务器干扰。设置完成之后就可以安装 DHCP 服务器了。

```
# sudo apt-get install isc-dhcp-server    //安装 DHCP 服务器
```

DHCP 服务器需要对/etc/default/isc-dhcp-server 和 /etc/dhcp/dhcpd.conf 两个配置文件进行修改,在修改前需要查看本机的网络信息。在终端输入"ifconfig",出现如图 11.4 所示的网络信息。

```
test@ubuntu:~$ ifconfig
enp0s3    Link encap:Ethernet  HWaddr 08:00:27:86:1f:9a
          inet addr:192.168.56.104  Bcast:192.168.56.255  Mask:255.255.255.0
          inet6 addr: fe80::727a:abc9:7b49:13ba/64 Scope:Link
          UP BROADCAST RUNNING MULTICAST  MTU:1500  Metric:1
          RX packets:5 errors:0 dropped:0 overruns:0 frame:0
          TX packets:81 errors:0 dropped:0 overruns:0 carrier:0
          collisions:0 txqueuelen:1000
          RX bytes:1562 (1.5 KB)  TX bytes:9664 (9.6 KB)

lo        Link encap:Local Loopback
```

图 11.4　网络信息

知道了网卡名字和 IP 地址之后，就可以配置 DHCP 服务器了。

```
#vim /etc/default/isc-dhcp-server        //打开配置文件
```

打开文件之后在文件末尾加入上面可用的网卡名，在这里使用的网卡为 enp0s3，修改完的文件如图 11.5 所示。

```
# On what interfaces should the DHCP server (dhcpd) serve DHCP
 requests?
#       Separate multiple interfaces with spaces, e.g. "eth0 e
th1".
INTERFACES="enp0s3"
```

图 11.5　添加使用的网卡

配置完上面的文件之后，还需要对/etc/dhcp/dhcpd.conf 进行配置。配置完成后如图 11.6 所示。

```
# A slightly different configuration for an internal subnet.
subnet 192.168.56.0 netmask 255.255.255.0 {
  range 192.168.56.30  192.168.56.200;
  option domain-name-servers 8.8.8.8,192.168.56.1;
  option domain-name "ming.com";
  option subnet-mask 255.255.255.0;
  option routers 192.168.56.1;
  option broadcast-address 192.168.56.255;
  default-lease-time 600;
  max-lease-time 7200;
}
```

图 11.6　对/etc/dhcp/dhcpd.conf 配置后的结果

上面是配置的样式，下面来了解下各个字段的含义。

#subnet 后面跟的是子网的网段，这里选择的是 192.168.56.0，netmask 后面就是子网掩码了。

#range 后面跟的是可分配的地址池，即可以分配的地址数量。

#第一个 option 后面跟的是 DNS 服务器地址，如果配置了多个可使用“,”隔开。

#第二个 option 后面跟的是分配的域名，也可以自己取。

#第三个 option 后面跟的是分配的子网掩码。

#第四个 option 是分发地址默认路由。

#第五个 option 是分发的广播地址，通过该地址来广播 DHCP 服务器信息。

#default-lease-time 表示默认的租期时间，即获取这次分配地址的使用时间。

#max-lease-time 表示最大的租期时间。

配置完上面的各个字段信息后，要启动 DHCP 服务。

```
#sudo service isc-dhcp-server restart
```

启动之后为了确保服务已经启动,需要查看服务的状态,输入下面的命令,如果出现如图 11.7 所示的(running)字样就证明服务启动了。

```
# sudo service isc－dhcp－server status
```

```
test@ubuntu:~$ sudo service isc-dhcp-server status
● isc-dhcp-server.service - ISC DHCP IPv4 server
   Loaded: loaded (/lib/systemd/system/isc-dhcp-server.service; enabled; vendor preset: enabled)
   Active: active (running) since 二 2018-08-07 15:13:46 CST; 2s ago
     Docs: man:dhcpd(8)
 Main PID: 2459 (dhcpd)
```

图 11.7　查看 DHCP 服务状态

接下来打开另一台虚拟机重新启动网络,就能够接收到刚刚配置好的 DHCP 服务器分配的 IP 地址了,前提是该主机开启了 dhclient 服务,一般 Ubuntu 都默认开启该服务,这里不多叙述。接下来可以通过在终端输入"ifconfig"来查看网络信息,或者在桌面的右上角单击网络进入 Connection Information 可以看到如图 11.8 所示,信息与上面配置的一样。

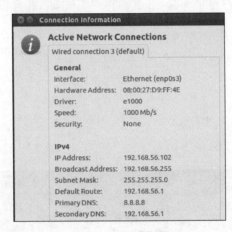

图 11.8　连接信息

11.3　vsftpd 服务

11.3.1　vsftpd 简介

vsftpd 可以分为两部分来解释,它的全称为 Very Secure FTP,即十分安全的 FTP 服务器软件。它是由 GPL 发布的 FTP 服务器软件,主要应用于类 UNIX 系统比如 Linux 系统中,实现文件安全稳定高速的传输。它支持多用户的并发执行并且能够十分有效地处理,实现简单,是 Linux 中常用的 FTP 服务器软件。

11.3.2　FTP 的实现原理

vsftpd 是实现 FTP 的一个软件,从根本上说实现的原理还是和 FTP 一样的,只不过配置相较于其他的 FTP 软件有所不同。

FTP 架构中至少有一个服务器端和一个用户端,即采用的是 C/S 架构。FTP 是通过 TCP 来实现传输的,也正因为如此,它是一种可靠的文件传输方式。FTP 使用两个端口来实现各项功能：端口 20 是数据传输接口，实现文件的传输；端口 21 是命令交互接口，实现客户端和服务器端之间的命令交互。

11.3.3 vsftpd 的安装和配置

接下来将 vsftpd 安装在 Ubuntu 中，具体步骤如下。

（1）在 Ubuntu 中可以直接在终端输入下面的命令安装 vsftpd。

```
# sudo apt - get install vsftpd
```

（2）安装完之后要启动该服务，并且创建一个用户主目录，或者新建一个带用户目录的用户。

```
# sudo service vsftpd start                    //开启 vsftpd 服务
# mkdir   /home/ftpuser                        //创建用户主目录
```

（3）新建一个拥有用户目录和其 Shell 的用户 ftpuser，并且设置密码。

```
# sudo useradd - d /home/ftpuser - s /bin/bash ftpuser    //创建用户
# sudo passwd ftpuser                                      //设置密码
```

（4）在/etc/vsftpd. user_list 中添加可以登录的用户，并在/etc/vsftpd. conf 中配置服务器的功能属性。

```
# sudo vim /etc/vsftpd. user_list              //添加上面创建的用户名
# sudo vim /etc/vsftp. conf                     //在文件末尾添加如图 11.9 所示配置
```

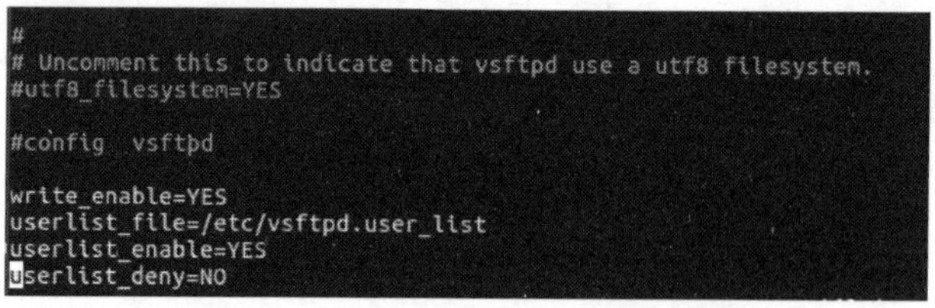

图 11.9　vsftp. conf 配置内容

（5）在客户端测试该服务是否搭建成功，打开 Windows 的命令提示符输入：ftp 服务器端的 IP，示例如图 11.10 所示。

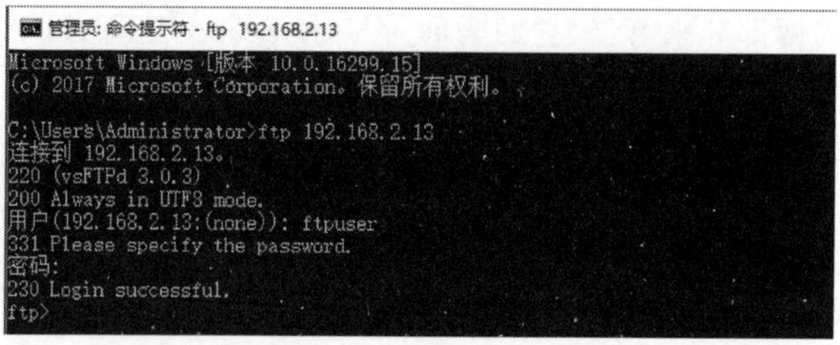

图 11.10　测试 vsftpd

测试通过之后就可以在/home/ftpuser 目录里面新建文件，客户端可以下载。而客户端也可以在本地的用户目录下的文件上传到该目录下。

```
# get  [文件名]        //测试通过后的下载指令
# put  [文件名]        //测试通过后的上传指令
```

至此，vsftpd 服务搭建完成，想要进行数据传输，这种方式十分有效。

11.4　搭建 Tomcat 服务器

11.4.1　Tomcat 简介

Tomcat 服务器本身是由 Java 语言编写的，现在已经成为企业开发 Java Web 应用的最佳 Servlet 容器之一。它是在 Sun 公司推出的 Servlet/JSP 调试工具的基础上发展起来的一个性能优良的 Servlet 容器，目前成为 Apache 的一个开源软件项目，在 Apache Tomcat 的官网上就可以选择下载。

11.4.2　安装并配置 Tomcat

可以在 Ubuntu 系统里打开 Firefox 在官网上下载 apache-tomcat 的 tar.gz 软件包。下载完成之后就可以解压到需要放置的文件夹里面了，可以创建目录/usr/tomcat 放置解压后的文件，具体如图 11.11 所示。

```
# sudo mkdir /usr/tomcat
# cd  Downloads                                        //进入下载目录
# sudo tar - zxvf apache - tomcat-8.5.32.tar.gz - C  /usr/tomcat/  //解压到指定目录
```

图 11.11　将 Tomcat 解压到指定目录

做到这一步之后要记得给解压后的文件赋予权限，具体操作如图 11.12 所示。

```
# cd  /usr/tomcat
# sudo chmod 777 - R apache - tomcat - 8.5.32
```

图 11.12　赋予权限

因为 Tomcat 是由 Java 语言编写而成的，也正因为如此，还需要安装 Java 的运行环境，并且在/usr/tomcat/apache-tomcat-8.5.32/bin/startup.sh 里面进行环境变量的配置，即添加如图 11.13 所示的内容。前提是系统中已经安装或者有 Java 的 JDK 目录文件。JDK 的安装和配置在之前就已经进行了介绍，这里就不重复了。

这里要注意的一点就是，添加的内容要放在文件本身最后一行的上面才能生效，完成配置之后在 Tomcat 的 bin 目录下执行下面的命令就可以启动 Tomcat 服务了，启动出现如图 11.14 所示界面，即表示启动成功。

集群搭建常用配置

```
#config java enviroment
export JAVA_HOME=/usr/lib/jvm/jdk1.8.0_181
export JRE_HOME=${JAVA_HOME}/jre
export CLASSPATH=.:${JAVA_HOME}/lib:${JRE_HOME}/lib
export PATH=${JAVA_HOME}/bin:$PATH
#config  tomcat
export TOMCAT_HOME=/usr/tomcat/apache-tomcat-8.5.32
exec "$PRGDIR"/"$EXECUTABLE" start "$@"
```

图 11.13　配置 startup.sh

```
test@ubuntu:/usr/tomcat/apache-tomcat-8.5.32/bin$ sudo ./startup.sh
Using CATALINA_BASE:   /usr/tomcat/apache-tomcat-8.5.32
Using CATALINA_HOME:   /usr/tomcat/apache-tomcat-8.5.32
Using CATALINA_TMPDIR: /usr/tomcat/apache-tomcat-8.5.32/temp
Using JRE_HOME:        /usr/lib/jvm/jdk1.8.0_181/jre
Using CLASSPATH:       /usr/tomcat/apache-tomcat-8.5.32/bin/bootstrap.j
ar:/usr/tomcat/apache-tomcat-8.5.32/bin/tomcat-juli.jar
Tomcat started.
```

图 11.14　启动 Tomcat

在 Windows 的浏览器中可以直接输入配置了 Tomcat 服务器的 IP 加上 8080 端口号，即会出现如图 11.15 所示界面。

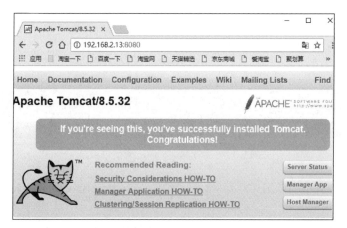

图 11.15　连接成功

这里完成的配置只是能够启动 Tomcat 服务，如果要关闭该服务还要在和 startup.sh 文件同一目录下的 shutdown.sh 里配置相同的内容，关闭命令如下所示。

sudo ./shutdown.sh

11.5　PXE 网络安装系统

11.5.1　PXE 简介

在一般情况下，安装操作系统都是手动地把镜像文件安装进主机中。这种情况只适合在主机较少的时候使用，如果一次性安装成千上百台主机或者一次性安装多台虚拟机，那么手动安装就显得十分耗时耗力。

针对这种情况,Intel 公司就开发出了 PXE(Pre-boot execution Environment)这项技术,该技术支持 C/S 网络模式,客户端从服务器端下载映像和引导文件,并进行系统的安装。

11.5.2 PXE 的实现过程

(1) 服务器端配置使用的服务和挂载相应的映像文件,并启动需要的 DHCP 等服务。

(2) 客户端主机设置为从网卡启动,向 DHCP 服务器索取 IP。

(3) DHCP 服务器响应请求分配 IP,并指示获取"pxelinux.0"文件(该文件一般放置在另一个 TFTP 服务器上)。

(4) 客户端根据指示向 TFTP 获取"pxelinux.0"文件。

(5) 获取"pxelinux.0"文件后在本机上执行,根据"pxelinux.0"执行的内容获取操作系统的内核和文件系统,并进行加载。

(6) 根据获取的脚本预先定义的安装指示,安装系统。

11.5.3 PXE 装机的配置实现

本书是在 VB 虚拟机环境下,在 Ubuntu 16.04 Desktop 操作系统上采用的 PXE 装机实现。对 Ubuntu 16.04-Server 的安装,采用的方案为:DHCP+TFTP+Apache2+Kickstart。每一个应用都需要进行安装,为了避免现实网络中的干扰,最后是在 Host-Only 网络模式下实现的。所以在虚拟机连接外网的时候,要先将用到的应用进行下载和安装,安装命令如下。

```
# sudo apt – get install isc – dhcp – server – y                //安装 DHCP 服务器
# sudo apt – get install apt – get install tftpd – hpa – y         //安装 TFP 服务器
# sudo apt – get install apt – get install apache2 – y            //安装 Apache2 服务器
# sudo apt – get install apt – get install system – config – kickstart – y //安装 Kickstart
```

在服务端可以设置两个网卡,网卡 1 默认可以连接 NAT 网络,网卡 2 就设置为 Host-Only 模式,如图 11.16 所示。

图 11.16　网卡 2

启用网卡 2 时要记得在虚拟机管理界面,单击左上角的"管理"选择"主机网络管理器"关闭虚拟机自带的 DHCP 服务器功能,否则会产生冲突,如图 11.17 所示。

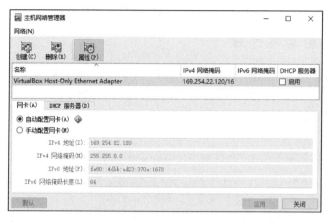

图 11.17　关闭 DHCP 功能

接下来就需要对使用的网卡 2 进行配置了,打开/etc/network/interfaces 添加如图 11.18 所示的信息即可。

```
#config
enp0s8

iface enp0s8 inet static

address 192.168.8.8
gateway 192.168.8.1
```

图 11.18　网卡配置

配置完网卡 IP 之后就要对 DHCP 服务器进行配置,具体的步骤可以参考 11.2.3 节,这里对步骤简略,首先配置 /etc/default/isc-dhcp-server 打开该文件添加网卡 2 的名字保存退出,具体如图 11.19 所示。

图 11.19　添加网卡

接下来配置 /etc/dhcp/dhcpd.conf,并在其内配置如图 11.20 所示的内容。

```
subnet 192.168.8.0 netmask 255.255.255.0 {
  range 192.168.8.10  192.168.8.200;
  option domain-name-servers 8.8.8.8,114.114.114.114;
  option domain-name "ming.com";
  option subnet-mask 255.255.255.255;
  option routers 192.168.8.1;
  option broadcast-address 192.168.8.255;
  default-lease-time 600;
  max-lease-time 7200;
  filename "pxelinux.0";
  next-server 192.168.8.8;
}
```

图 11.20　配置 dhcpd.conf

接下来直接启动 DHCP 服务就行了。配置完 DHCP 之后,要将需要的文件进行挂载,即将需要的系统文件复制出来,这一步需要打开虚拟机后单击在其右下的光盘图标选择用到的映像,如图 11.21 所示。

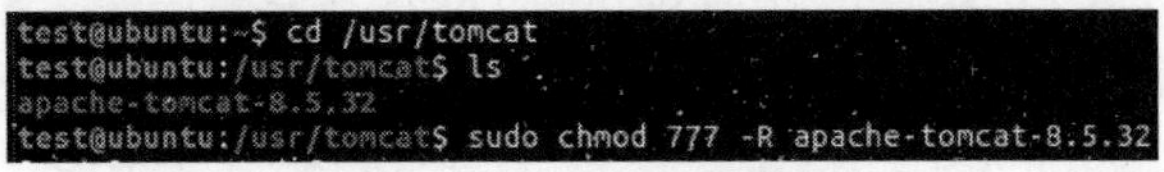

图 11.21　选择映像系统

在将映像挂载前,需要在 Apache2 的根目录下创建一个保存这些系统文件的目录。具体命令如下。

```
# mkdir /var/www/html/ubuntu                    //创建目录保存 ubuntu 系统文件
# mount /dev/cdrom /var/www/html/ubuntu/        //将文件挂载到目的文件夹
# cp - r /var/www/html/ubuntu/install/netboot/ * /var/lib/tftpboot/
                                                //复制文件到 TFTP 目录内
# cp /var/www/html/ubuntu/preseed/ubuntu - server.seed /var/www/html/
                                                //复制 ubuntu - server.seed 到/var/www/html/
进行安装启动
# sudo vim /var/www/html/ubuntu - server.seed   //打开该文进行配置
```

打开 Ubuntu-server.seed 之后需要在文件最后添加如图 11.22 所示的内容。

图 11.22　配置 Ubuntu-server.seed

接下来的操作需要进入 root 用户下进行,进入命令如下。

```
# su - root
# system - coonfig - kickstart
```

输入命令之后就会出现如图 11.23 所示的内容。接下来对需要配置的选项进行配置,不需要配置的选项保持默认配置即可。

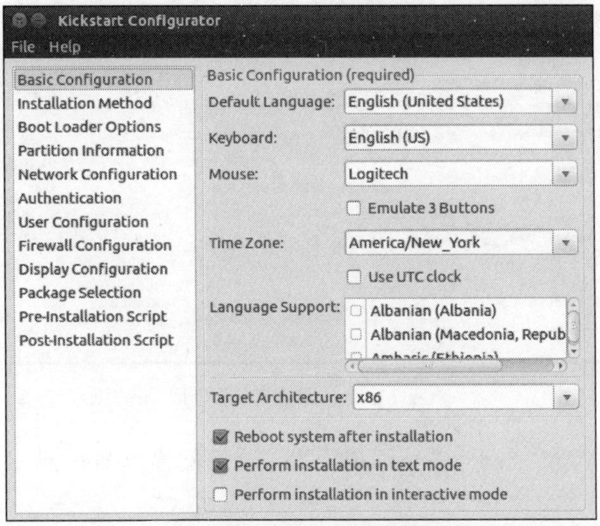

图 11.23　Kickstart 配置

集群搭建常用配置

在 Language Support 中选择自己需要的语言。选择 Installation Method，确定启动方式为网络启动，选择 HTTP 安装方式，具体如图 11.24 所示。

根据配置输入所需的信息——服务器的 IP 和安装的系统文件。选择方法之后要对系统进行分区预先的分配，进入 Partition Information 并单击 Add 按钮进入分区配置，具体配置如图 11.25 所示。

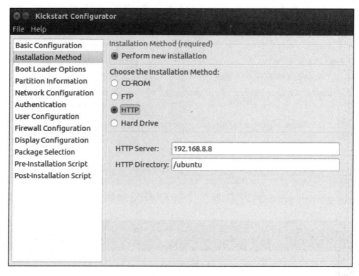

图 11.24　选择安装方式

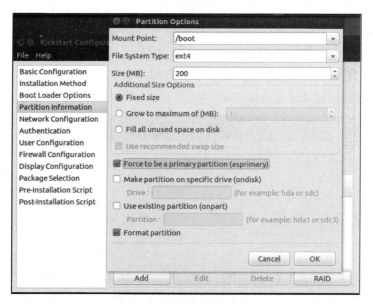

图 11.25　配置/boot 分区

接下来继续对"/"和"swap"进行添加配置，/分区配置与 boot 分区类似。swap 分区配置如图 11.26 所示。

配置完成之后如图 11.27 所示。

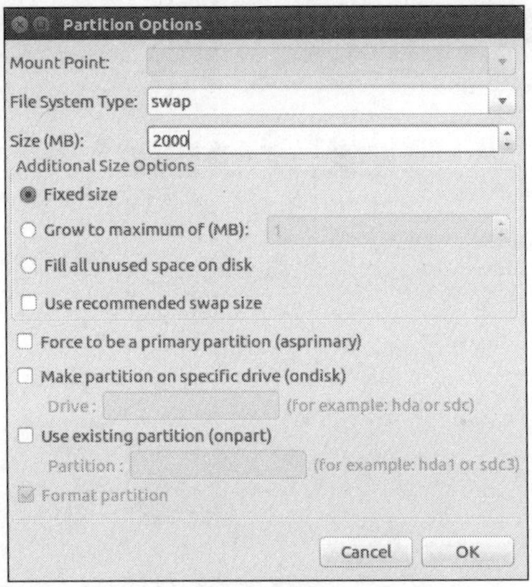

图 11.26　swap 分区配置

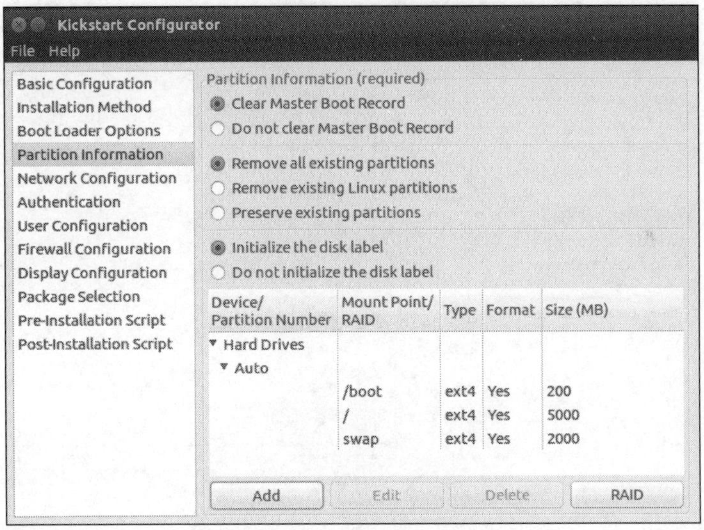

图 11.27　完成分区配置

　　配置完分区,还需要对将要安装的系统添加网卡并进行配置,具体配置如图 11.28 所示。

　　添加完网卡还需要对 User Configuration 进行配置,添加用户的信息如图 11.29 所示。

　　接下来在最后一项添加如图 11.30 所示的内容,并进行保存。

　　保存文件会出现如图 11.31 所示的界面,可以选择 New Folder 添加新的文件夹,比如 "Desktop""Download"等。

　　最后单击 OK 按钮就可以完成基本的配置了。接下来还要进行 txt.cfg 配置,并添加如图 11.32 所示内容,打开命令如下。

集群搭建常用配置

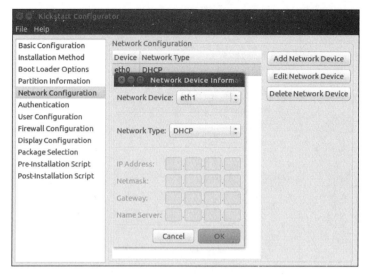

图 11.28 添加网卡信息

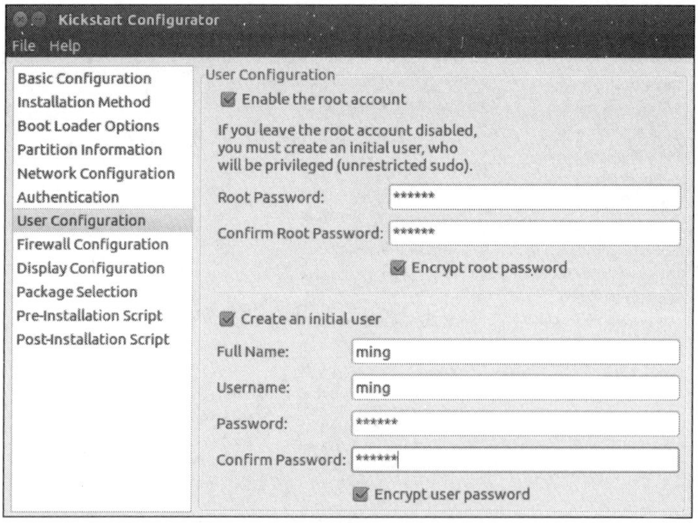

图 11.29 添加用户信息

```
#vim /var/lib/tftpboot/Ubuntu-installer/amd64/boot-screens/txt.cfg
```

这样服务器就基本搭建完成了,接下来需要创建一个新的主机。将网络设置为和服务器一样的 Host-Only 模式,并且在虚拟机的界面依次选择"设置"→"系统"选项将启动顺序的网络选项放置到第一位,具体如图 11.33 所示。

接下来只需要启动新建的虚拟机就能够自动地完成虚拟机的安装了,安装的时候只要如图 11.34 所示的进度完成即表示安装完成。

需要注意的是,如果不关闭服务器或者不更改客户端的启动顺序就会一直进行安装的过程,可以在服务器端进行定时的关闭或者安装完成之后直接修改启动方式。

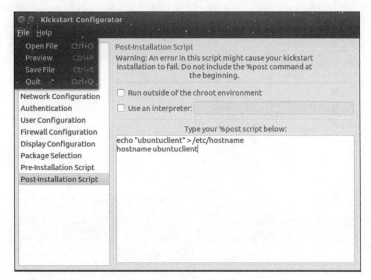

图 11.30　为新系统取名

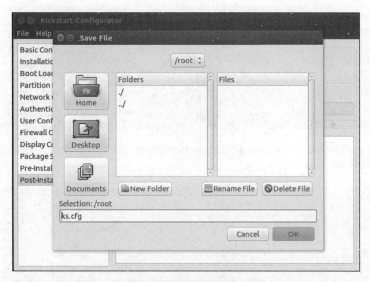

图 11.31　添加文件夹

图 11.32　配置 txt.cfg

集群搭建常用配置

图 11.33 修改启动顺序

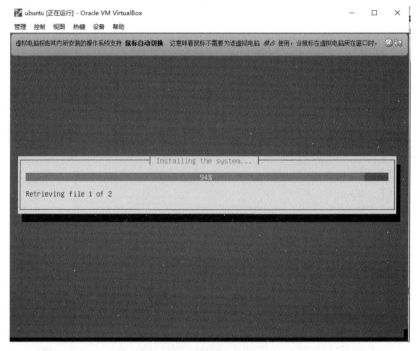

图 11.34 安装进度界面

小 结

本章扩展了第 10 章的内容，介绍了 DHCP 服务器的搭建，Tomcat 服务器的搭建，vsftpd 服务器的搭建。也介绍了在集群搭建中常用 SSH 的远程服务管理，还有配置大型集群时使用的 PXE 网络装机服务器。

习　　题

1. 在 SSH 基础下实现将公钥复制到其他主机的两种命令是(　　　)。
   A. ssh-copy-id 和 scp　　　　　　　　B. scp 和 cp
   C. ssh-copy-id 和 cp　　　　　　　　　D. cp 和 mv

2. 开发出 PXE 技术的互联网公司是(　　　)。
   A. IBM　　　　　　B. Amazon　　　　　C. Intel　　　　　D. Oracle

3. 查看 DHCP 服务状态的指令是(　　　)。
   A. sudo service isc-dhcp-server start
   B. sudo service isc-dhcp-server status
   C. sudo lsof-i　:67
   D. sudo　dhclient　enp0s3

4. vsftpd 服务器的数据传输接口和命令交互接口分别为(　　　)。
   A. 20 和 31　　　　B. 21 和 20　　　　C. 30 和 21　　　　D. 20 和 21

5. Tomcat 服务器由(　　　)语言编写。
   A. C♯　　　　　　B. Python　　　　　C. Android　　　　D. Java

6. 简述 vsftpd 服务器实现过程。

7. DHCP 服务器的功能是什么？

8. SSH 实现远程免密登录的原理是什么？

9. 什么是 PXE 安装技术？

10. 简述 DHCP 实现步骤。

集群搭建常用配置

附录 A 部分习题答案

第 1 章

1. D
2. C
3. ABCD
4. Linux 发行版就是"Linux 操作系统",它可能是由一个组织、公司或者个人发行的。Linux 内核只是作为 Linux 操作系统的一部分而使用。通常来讲,一个 Linux 操作系统包括 Linux 内核、将整个软件安装到计算机上的一套安装工具、各种 GNU 软件、其他的一些自由软件,在一些特定的 Linux 操作系统中也有一些专有软件。
5. 主流的 Linux 发行版有 Ubuntu、DebianGNU/Linux、Fedora 等。中国大陆的 Linux 发行版有中标麒麟 Linux、红旗 Linux 等。
6. 自由软件的目的在于自由地"分享"与"协作"。自由软件基金会使用一个特定的许可证,并使用该许可证发布软件。开放源代码促进会是为所有的开发源代码许可证寻求支持,包括自由软件基金会的许可证。

第 2 章

1. C
2. A
3. B
4. A
7. 虚拟机的快照,就是把当前虚拟机中的系统状态封存保存起来,如果后面系统有异常,可以快速恢复到保存的状态。

第 3 章

1. D
2. GNOME 桌面、Unity 桌面、KDE 桌面。
4. Dash 是 Unity 的应用管理和文件管理界面。Dash 在首页上显示最近使用的应用、打开的文件和下载的内容。

5. 目前比较常见的终端登录软件有 SecureCRT、Putty、SSH Secure Shell。

第 4 章

1. A
2. A
3. C
4. D
5. D
6. C
7. B
8. B

10. Linux 采用树形结构。最上层是根目录,其他的所有目录都是从根目录出发而生成的。在 Linux 中,无论操作系统管理几个磁盘分区,这样的目录树只有一个。从结构上讲,各个磁盘分区上的树形目录不一定是并列的。作为多用户系统,制定一个固定的目录规划有助于对系统文件和不同的用户文件进行统一管理。

11. abc.txt 的所有者是 root,权限为读写。与 root 同组的用户为读权限,其他用户没有权限。xyz 的所有者是 file1,权限为读写和执行。file2、file3 的权限为读和执行。其他用户没有权限。

12. cat 命令用来把文件内容显示到屏幕上,还用来进行文件的合并、建立、覆盖或者添加内容等操作。

more 命令可以在浏览文件的时候前后翻页,在阅读长文本时特别有用。

less 命令比 more 命令功能更强,是许多程序使用的默认的阅读命令。less 的输出结果可以向前或向后翻页,但是 more 仅能向前翻页。

head 和 tail 命令用来阅读文件的开头或者结尾的部分。加上参数"-nx"可以指定查看 x 行。

13. cat、touch 命令可用来建立文件。

rm 命令可以用来删除文件和目录。

mv 命令用于文件改名,也可以用来在文件系统内移动文件或者子目录。

cp 命令用来对文件进行复制操作。

14. 将文件 file 的属性改为-rwxr-xr--:

chmod 754 文件名

将文件 file 的属性改为-rwxr-xr—x:

chmod o+x 文件名

15. 命令 file 用来确定文件的类型。使用此命令时,可以指定一个或多个文件名。wc 命令可以统计指定文件中的字节数、字数、行数,并将统计结果显示在屏幕上。

16. 标准输入文件通常对应终端的键盘;标准输出文件对应终端的屏幕。进程将从标准输入文件中得到输入数据,将正常输出数据输出到标准输出文件,而将错误信息送到标准错误文件中。

输入重定向：输入重定向是指把命令(或可执行程序)的标准输入重定向到指定的文件中。也就是说,输入可以不来自键盘,而来自一个指定的文件。

输出重定向：输出重定向是指把命令(或可执行程序)的标准输出或标准错误输出重新定向到指定文件中。这样,该命令的输出就不显示在屏幕上,而是写入到指定文件中。

第 5 章

1. D

2. A

3. B

4. A

5. A

6. D

7. D

8. Linux 存储用户账号的文件是：/etc/passwd；Linux 存储密码和群组名称的文件是：/etc/shadow。

10. su 命令可以从普通用户变为超级用户。

11. su 命令就是切换用户的工具,可以用 su 来切换到其他用户,也可以切换到 root 用户。sudo 允许系统管理员分配给普通用户一些合理的"权利",让他们执行一些只有超级用户或其他特许用户才能完成的任务。

12. 通过 sudo 的配置文件/etc/sudoers 来进行授权。

第 6 章

1. D

2. C

3. A

4. D

5. D

6. EXT2、EXT3、NFS、ISO 9660

7. 扇区是硬盘数据存储的最小单位。

8. hda1、hda2、hda5、hda6、hda7

第 7 章

1. A

2. B

3. A

4. D

5. A

6. A

7. （1）开机自检：计算机在接通电源之后首先由 BIOS 进行自检，然后依据 BIOS 内设置的引导顺序从硬盘、软盘或 CD-ROM 中读入"引导块"。

（2）MBR 引导：Linux 一般都是从硬盘上引导的，其中主引导记录（MBR）中包含主引导加载程序。

（3）GRUB：引导加载程序会引导操作系统。

（4）加载内核：当内核映像被加载到内存之后，内核阶段就开始了。

（5）运行 INIT 进程：INIT 进程是系统所有进程的起点，是所有进程的发起者和控制者。

（6）通过/etc/inittab 文件进行初始化。

（7）执行/etc/rc.d/rc 脚本。

（8）启动 mingetty 进程，打开登录界面，以便用户登录系统。

9. ps 看到的是命令执行瞬间的进程信息，而 top 可以持续监视进程。

ps 只是查看进程，而 top 还可以监视系统性能。

10. 守护进程是在后台运行的进程，脱离控制终端，执行通常与键盘输入无关的任务。

11. at、batch、crontab

第 8 章

1. A

2. A

3. B

4. B

5. B

6. B

7. C

8. 常用的文本编辑器有 Gedit、nano、vi、vim

9. gcc 的编译流程：预编译、编译、汇编、连接

第 9 章

1. A

4.

```
#!/bin/bash
echo "Waiting for a while…"
ls - l   home/tem1
a = "Hello"
```

209

```
echo $ a   /home/tem2
```

5.

```
#!/bin/sh
i = 1
sudo groupadd class1
while [ $ i - le 30]
do
if [ $ i - le 9];then
USERNAME = stu0 $ {i}
else
USERNAME = stu $ {i}
fi
sudo useradd  $ USERNAME
sudo mkdir /home/ $ USERNAME
sudo chown - R $ USERNAME /home/ $ USERNAME
sudo chgrp - R class1 /home/ $ USERNAME
i = $ (( $ i + 1))
done
```

6.

```
#!/bin/sh
i = 1
while[ $ i - le 30]
do
if [ $ i - le 9];then
sudo userdel - r stu0 $ {i}
else
sudo userdel - r stu $ {i}
fi
i = $ (( $ i + 1))
done
sudo groupdel class1
```

7.

```
#!/bin/bash
name = (哈尔滨   齐齐哈尔   牡丹江   佳木斯   大庆   绥芬河   肇东   绥化   七台河)
for i in $ {name[ * ]}
do
echo $ i
done
```

第 10 章

1. C
2. B
3. C

4. C

6. ping 命令实际上是利用 TCP/IP 中的 ICMP,用于向网络上的主机发送数据包并利用返回的响应情况测试网络连接。

7. tracepath 命令用来跟踪记录从源主机到目的主机经过的路由。

8. 网络文件系统是应用层的一种应用服务,它主要应用于 Linux 和 Linux 系统、Linux 和 UNIX 系统之间的文件或目录的共享。对于用户而言,可以通过 NFS 方便地访问远地的文件系统,使之成为本地文件系统的一部分。采用 NFS 之后省去了登录的过程,方便了用户访问系统资源。

9. Samba 服务器可以让 Windows 系统的用户访问局域网中的 Linux 主机,就像访问网上邻居一样方便。NFS 服务器也允许网络上其他主机访问共享目录和文件,实现不同操作系统的计算机之间共享数据。在访问 NFS 服务器时,用户和程序就感觉在访问本地文件一样。

11. "mount -t nfs NFS 服务器的 IP 地址:共享目录"挂载到本地的目录。

12. LAMP 是基于 Linux、Apache、MySQL 和 PHP 的开放资源网络开发平台。

第 11 章

1. A

2. C

3. B

4. D

5. D

6. 首先客户端向服务器端发送连接请求,同时客户端打开一个大于 1024 的端口等候服务器连接。vsftpd 服务器在端口 21 侦听到该请求,则会在客户端 1031 端口和服务器的 21 端口之间建立 vsftpd 会话连接,实现命令交互。当需要传输数据时,vsftpd 客户端动态地打开一个大于 1024 的端口连接到服务器的 20 端口,进行数据的传输。

7. 给内部网络或网络服务供应商自动分配 IP 地址,为用户或者内部网络管理员提供计算机作中央管理的手段。

8. 在都安装了 SSH 程序的情况下,主机 A 需要登录主机 B 的时候,主机 B 就会在 authorized_keys 文件中寻找主机 A 的公钥。如果找到则根据公钥信息发送一个验证信息给主机 A,主机 A 会根据公钥的信息进行验证。如果符合则返回信息给主机 B 实现远程登录。

9. PXE 是由 Intel 设计的协议,它可以使计算机通过网络启动,实现自动完成系统安装。

10. 第一步:客户端向网络中广播 DHCP Discover 报文。

第二步:DHCP 服务器接收到 DHCP Discover 报文之后做出响应。

第三部:客户端接收到 DHCP Office 报文后,客户端会向网络广播发送一个包含被选中的 DHCP 服务器地址和 IP 地址信息的 DHCP Request 报文。

第四步:DHCP 服务器收到 DHCP Request 报文之后,根据报文信息判断自身是否被选中。如果选中向客户端响应一个添加了 IP 地址租期信息的 DHCP ACK 报文。

第五步:客户端接收到 DHCP ACK 报文之后,检查该 IP 地址是否可以使用,如果可以使用则根据租期来使用该 IP。

参 考 文 献

[1] 杨宗德. Linux 高级程序设计[M]. 北京：人民邮电出版社，2008.
[2] 倪继利. Linux 内核分析及编程[M]. 北京：电子工业出版社，2007.
[3] 陈莉君，康华. Linux 操作系统原理与应用[M]. 北京：清华大学出版社，2006.
[4] 骆耀祖. Linux 操作系统分析教程[M]. 北京：北京交通大学出版社，2004.
[5] 李善平. 边干边学 Linux 内核指导[M]. 杭州：浙江大学出版社，2002.
[6] 毛德操，胡希明. Linux 内核源代码情景分析[M]. 杭州：浙江大学出版社，2001.
[7] Tom Fawcett. The Linux Bootdisk HOWTO. 朱汉农，译. 非正式出版物，2000.
[8] 何晓龙，李明. 完美应用 Ubuntu[M]. 2 版. 北京：电子工业出版社，2010.

图书资源支持

感谢您一直以来对清华版图书的支持和爱护。为了配合本书的使用，本书提供配套的资源，有需求的读者请扫描下方的"书圈"微信公众号二维码，在图书专区下载，也可以拨打电话或发送电子邮件咨询。

如果您在使用本书的过程中遇到了什么问题，或者有相关图书出版计划，也请您发邮件告诉我们，以便我们更好地为您服务。

我们的联系方式：

地　　　址：北京市海淀区双清路学研大厦 A 座 701

邮　　　编：100084

电　　　话：010-83470236　010-83470237

资源下载：http://www.tup.com.cn

客服邮箱：2301891038@qq.com

QQ：2301891038（请写明您的单位和姓名）

资源下载、样书申请

书圈

扫一扫，获取最新目录

课 程 直 播

用微信扫一扫右边的二维码，即可关注清华大学出版社公众号"书圈"。